2026학년도 수능 대비

수 능
기출의
미 래

미니모의고사

수학영역 ㅣ 공통(수학Ⅰ·수학Ⅱ) 3점

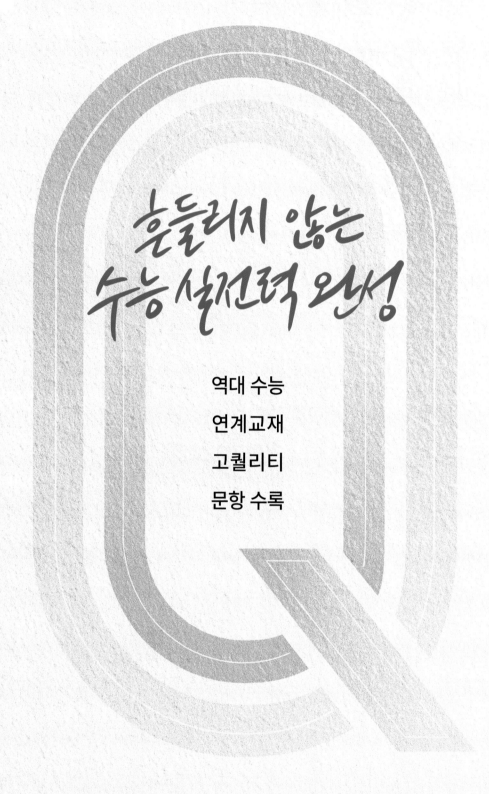

EBS

흔들리지 않는
수능 실전력 완성

역대 수능

연계교재

고퀄리티

문항 수록

**14회분
수록**

미니모의고사로 만나는 수능연계 우수 문항집

수능특강Q
미니모의고사

국 어	Start / Jump / Hyper
수 학	수학 I / 수학 II / 확률과 통계 / 미적분
영 어	Start / Jump / Hyper
사회탐구	사회 · 문화
과학탐구	생명과학 I / 지구과학 I

2026학년도 수능 대비

수 능
기출의
미 래

미니모의고사

수학영역 ㅣ 공통(수학Ⅰ·수학Ⅱ) 3점

이 책의 **구성과 특징**

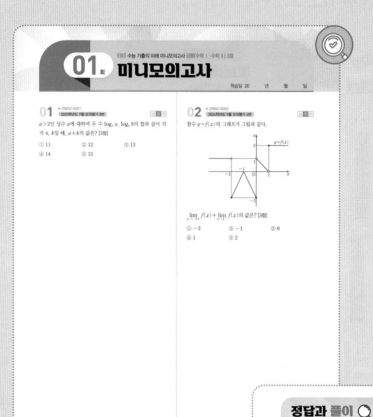

미니모의고사

최근 7개년 간의 기출문제를 선제하여 미니모의고사 형태로 구성하였습니다. 목표시간 내에 문제를 푸는 연습을 통해 실전에 대비할 수 있습니다.

정답과 풀이

학습자 스스로 문제의 핵심을 파악할 수 있도록 명확한 풀이를 제공합니다. 잘 풀리지 않는 문제는 풀이를 통해 확실히 이해할 수 있습니다.

• 미니모의고사 학습 계획을 세우고 매일 실천해 보세요! • 풀이 시간과 틀린 문항을 정리해 복습에 활용하세요!

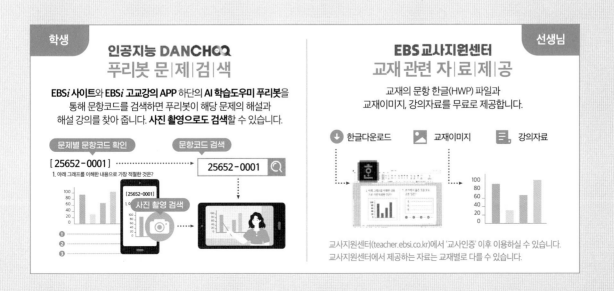

학생

인공지능 DANCHOQ
푸리봇 문|제|검|색

EBS*i* **사이트**와 **EBS***i* **고교강의 APP** 하단의 **AI 학습도우미 푸리봇**을 통해 문항코드를 검색하면 푸리봇이 해당 문제의 해설과 해설 강의를 찾아 줍니다. **사진 촬영으로도 검색**할 수 있습니다.

문제별 문항코드 확인   문항코드 검색

[25652-0001] → 25652-0001

1. 아래 그래프를 이해한 내용으로 가장 적절한 것은?

[25652-0001]

사진 촬영 검색

선생님

EBS 교사지원센터
교재 관련 자|료|제|공

교재의 문항 한글(HWP) 파일과 교재이미지, 강의자료를 무료로 제공합니다.

한글다운로드   교재이미지   강의자료

교사지원센터(teacher.ebsi.co.kr)에서 '교사인증' 이후 이용하실 수 있습니다.
교사지원센터에서 제공하는 자료는 교재별로 다를 수 있습니다.

01 ▶ 25652-0001
2025학년도 9월 모의평가 8번
상 중 하

$a > 2$인 상수 a에 대하여 두 수 $\log_2 a$, $\log_a 8$의 합과 곱이 각각 4, k일 때, $a+k$의 값은? [3점]

① 11   ② 12   ③ 13

④ 14   ⑤ 15

02 ▶ 25652-0002
2024학년도 9월 모의평가 4번
상 중 하

함수 $y=f(x)$의 그래프가 그림과 같다.

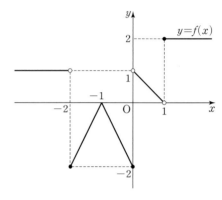

$\lim\limits_{x \to -2+} f(x) + \lim\limits_{x \to 1-} f(x)$의 값은? [3점]

① -2 ② -1 ③ 0

④ 1   ⑤ 2

03 ▶ 25652-0003
2021학년도 수능 가형 10번 [상 중 하]

$\angle A = \dfrac{\pi}{3}$이고 $\overline{AB} : \overline{AC} = 3 : 1$인 삼각형 ABC가 있다. 삼각형 ABC의 외접원의 반지름의 길이가 7일 때, 선분 AC의 길이는? [3점]

① $2\sqrt{6}$ ② $\sqrt{23}$ ③ $\sqrt{22}$
④ $\sqrt{21}$ ⑤ $2\sqrt{5}$

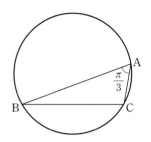

04 ▶ 25652-0004
2020학년도 10월 학력평가 나형 11번 [상 중 하]

수직선 위를 움직이는 점 P의 시각 t $(t \geq 0)$에서의 위치 x가
$$x = t^3 + kt^2 + kt \ (k는 \ 상수)$$
이다. 시각 $t = 1$에서 점 P가 운동 방향을 바꿀 때, 시각 $t = 2$에서 점 P의 가속도는? [3점]

① 4   ② 6   ③ 8
④ 10   ⑤ 12

등차수열 $\{a_n\}$에 대하여

$$a_2 = 6, \ a_4 + a_6 = 36$$

일 때, a_{10}의 값은? [3점]

① 30　　　　② 32　　　　③ 34

④ 36　　　　⑤ 38

곡선 $y = 3x^2 - x$와 직선 $y = 5x$로 둘러싸인 부분의 넓이는?

[3점]

① 1　　　　② 2　　　　③ 3

④ 4　　　　⑤ 5

07
▶ 25652-0007
2023학년도 10월 학력평가 4번 상 중 하

두 자연수 m, n에 대하여 함수 $f(x)=x(x-m)(x-n)$이

$$f(1)f(3)<0, \ f(3)f(5)<0$$

을 만족시킬 때, $f(6)$의 값은? [3점]

① 30   ② 36   ③ 42

④ 48   ⑤ 54

08
▶ 25652-0008
2023학년도 3월 학력평가 16번 상 중 하

$\log_2 96 - \dfrac{1}{\log_6 2}$ 의 값을 구하시오. [3점]

09

▶ 25652-0009
2023학년도 수능 16번

상 중 하

방정식

$$\log_2 (3x+2) = 2 + \log_2 (x-2)$$

를 만족시키는 실수 x의 값을 구하시오. [3점]

10

▶ 25652-0010
2024학년도 수능 17번

상 중 하

함수 $f(x) = (x+1)(x^2+3)$에 대하여 $f'(1)$의 값을 구하시오.
[3점]

11

▶ 25652-0011
2021학년도 수능 나형 23번

상 중 하

함수 $f(x)$에 대하여 $f'(x) = 3x^2 + 4x + 5$이고 $f(0) = 4$일 때, $f(1)$의 값을 구하시오. [3점]

02회 미니모의고사

01 ▶ 25652-0012
2021학년도 6월 모의평가 나형 4번   상 중 하

$\lim\limits_{x \to 2} \dfrac{3x^2-6x}{x-2}$ 의 값은? [3점]

① 6   ② 7   ③ 8

④ 9   ⑤ 10

02 ▶ 25652-0013
2021학년도 9월 모의평가 가형 11번   상 중 하

1보다 큰 세 실수 a, b, c가

$$\log_a b = \frac{\log_b c}{2} = \frac{\log_c a}{4}$$

를 만족시킬 때, $\log_a b + \log_b c + \log_c a$의 값은? [3점]

① $\dfrac{7}{2}$ ② 4   ③ $\dfrac{9}{2}$

④ 5   ⑤ $\dfrac{11}{2}$

03

▶ 25652-0014

2023학년도 6월 모의평가 4번

상 중 하

함수 $y=f(x)$의 그래프가 그림과 같다.

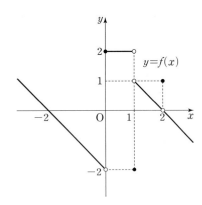

$\lim\limits_{x\to 0-} f(x) + \lim\limits_{x\to 1+} f(x)$의 값은? [3점]

① -2 ② -1 ③ 0

④ 1 ⑤ 2

04

▶ 25652-0015

2022학년도 3월 학력평가 8번

상 중 하

그림과 같이 양의 상수 a에 대하여 곡선

$y=2\cos ax \left(0\le x\le \dfrac{2}{a}\pi\right)$와 직선 $y=1$이 만나는 두 점을 각

각 A, B라 하자. $\overline{AB}=\dfrac{8}{3}$일 때, a의 값은? [3점]

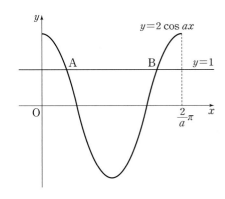

① $\dfrac{\pi}{3}$ ② $\dfrac{5}{12}\pi$ ③ $\dfrac{\pi}{2}$

④ $\dfrac{7}{12}\pi$ ⑤ $\dfrac{2}{3}\pi$

05
► 25652-0016
2022학년도 9월 모의평가 3번
상 중 하

등비수열 $\{a_n\}$에 대하여

$$a_1=2, \ a_2a_4=36$$

일 때, $\dfrac{a_7}{a_3}$의 값은? [3점]

① 1　　　　② $\sqrt{3}$　　　　③ 3
④ $3\sqrt{3}$　　　　⑤ 9

06
► 25652-0017
2021학년도 수능 나형 12번
상 중 하

수열 $\{a_n\}$은 $a_1=1$이고, 모든 자연수 n에 대하여

$$\sum_{k=1}^{n}(a_k-a_{k+1})=-n^2+n$$

을 만족시킨다. a_{11}의 값은? [3점]

① 88　　　　② 91　　　　③ 94
④ 97　　　　⑤ 100

07 ▶ 25652-0018
2022학년도 3월 학력평가 6번

상 중 하

함수 $f(x)=2x^2-3x+5$에서 x의 값이 a에서 $a+1$까지 변할 때의 평균변화율이 7이다. $\lim\limits_{h \to 0}\dfrac{f(a+2h)-f(a)}{h}$의 값은?

(단, a는 상수이다.) [3점]

① 6   ② 8   ③ 10

④ 12   ⑤ 14

08 ▶ 25652-0019
2023학년도 9월 모의평가 16번

상 중 하

방정식 $\log_3(x-4)=\log_9(x+2)$를 만족시키는 실수 x의 값을 구하시오. [3점]

09
▶ 25652-0020
2024학년도 6월 모의평가 17번
상 중 하

함수 $f(x)$에 대하여 $f'(x)=8x^3-1$이고 $f(0)=3$일 때, $f(2)$의 값을 구하시오. [3점]

10
▶ 25652-0021
2022학년도 3월 학력평가 18번
상 중 하

부등식 $\displaystyle\sum_{k=1}^{5}2^{k-1}<\sum_{k=1}^{n}(2k-1)<\sum_{k=1}^{5}(2\times 3^{k-1})$을 만족시키는 모든 자연수 n의 값의 합을 구하시오. [3점]

11
▶ 25652-0022
2020학년도 10월 학력평가 가형 24번
상 중 하

$\sin\left(\dfrac{\pi}{2}+\theta\right)\tan(\pi-\theta)=\dfrac{3}{5}$일 때, $30(1-\sin\theta)$의 값을 구하시오. [3점]

01 ▶ 25652-0023

2021학년도 6월 모의평가 나형 9번   상 중 하

닫힌구간 $[-1, 3]$에서 함수 $f(x)=2^{|x|}$의 최댓값과 최솟값의 합은? [3점]

① 5   ② 7   ③ 9

④ 11   ⑤ 13

02 ▶ 25652-0024

2021학년도 9월 모의평가 나형 4번   상 중 하

$\lim\limits_{x \to -1} \dfrac{x^2+9x+8}{x+1}$의 값은? [3점]

① 6   ② 7   ③ 8

④ 9   ⑤ 10

03

▶ 25652-0025
2023학년도 10월 학력평가 5번

상 중 **하**

$\pi < \theta < \dfrac{3}{2}\pi$인 θ에 대하여

$$\frac{1}{1-\cos\theta} + \frac{1}{1+\cos\theta} = 18$$

일 때, $\sin\theta$의 값은? [3점]

① $-\dfrac{2}{3}$ ② $-\dfrac{1}{3}$ ③ 0

④ $\dfrac{1}{3}$ ⑤ $\dfrac{2}{3}$

04

▶ 25652-0026
2024학년도 수능 5번

상 중 **하**

다항함수 $f(x)$가

$$f'(x) = 3x(x-2), \ f(1) = 6$$

을 만족시킬 때, $f(2)$의 값은? [3점]

① 1   ② 2   ③ 3

④ 4   ⑤ 5

수열 $\{a_n\}$은 $a_1=12$이고, 모든 자연수 n에 대하여

$$a_{n+1}+a_n=(-1)^{n+1}\times n$$

을 만족시킨다. $a_k>a_1$인 자연수 k의 최솟값은? [3점]

① 2   ② 4   ③ 6

④ 8   ⑤ 10

점 $(0, 4)$에서 곡선 $y=x^3-x+2$에 그은 접선의 x절편은? [3점]

① $-\dfrac{5}{2}$ ② -2 ③ $-\dfrac{3}{2}$

④ -1 ⑤ $-\dfrac{1}{2}$

07

▶ 25652-0029
2023학년도 3월 학력평가 4번

상 중 하

다항함수 $f(x)$가 모든 실수 x에 대하여

$$\int_1^x f(t)dt = x^3 - ax + 1$$

을 만족시킬 때, $f(2)$의 값은? (단, a는 상수이다.) [3점]

① 8   ② 10   ③ 12

④ 14   ⑤ 16

08

▶ 25652-0030
2024학년도 9월 모의평가 3번

상 중 하

$\dfrac{3}{2}\pi < \theta < 2\pi$인 θ에 대하여 $\cos\theta = \dfrac{\sqrt{6}}{3}$일 때, $\tan\theta$의 값은?

[3점]

① $-\sqrt{2}$ ② $-\dfrac{\sqrt{2}}{2}$ ③ 0

④ $\dfrac{\sqrt{2}}{2}$ ⑤ $\sqrt{2}$

$\log_2 100 - 2\log_2 5$의 값을 구하시오. [3점]

두 수열 $\{a_n\}$, $\{b_n\}$에 대하여

$$\sum_{k=1}^{10} (2a_k - b_k) = 34, \ \sum_{k=1}^{10} a_k = 10$$

일 때, $\sum_{k=1}^{10} (a_k - b_k)$의 값을 구하시오. [3점]

시각 $t=0$일 때 동시에 원점을 출발하여 수직선 위를 움직이는 두 점 P, Q의 시각 t $(t \geq 0)$에서의 속도가 각각

$$v_1(t) = 3t^2 - 15t + k, \ v_2(t) = -3t^2 + 9t$$

이다. 점 P와 점 Q가 출발한 후 한 번만 만날 때, 양수 k의 값을 구하시오. [3점]

01 ▶ 25652-0034
2025학년도 9월 모의평가 4번 상중하

함수 $y=f(x)$의 그래프가 그림과 같다.

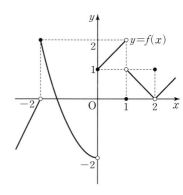

$\lim\limits_{x \to 0-} f(x) + \lim\limits_{x \to 1+} f(x)$의 값은? [3점]

① -2 ② -1 ③ 0

④ 1 ⑤ 2

02 ▶ 25652-0035
2021학년도 6월 모의평가 가형 9번 상중하

함수

$$f(x)=2\log_{\frac{1}{2}}(x+k)$$

가 닫힌구간 $[0,\ 12]$에서 최댓값 -4, 최솟값 m을 갖는다. $k+m$의 값은? (단, k는 상수이다.) [3점]

① -1 ② -2 ③ -3

④ -4 ⑤ -5

03
▶ 25652-0036
2024학년도 6월 모의평가 4번

상 중 하

실수 전체의 집합에서 연속인 함수 $f(x)$가

$$\lim_{x \to 1} f(x) = 4 - f(1)$$

을 만족시킬 때, $f(1)$의 값은? [3점]

① 1   ② 2   ③ 3

④ 4   ⑤ 5

04
▶ 25652-0037
2023학년도 9월 모의평가 3번

상 중 하

$\sin(\pi - \theta) = \dfrac{5}{13}$이고 $\cos \theta < 0$일 때, $\tan \theta$의 값은? [3점]

① $-\dfrac{12}{13}$ ② $-\dfrac{5}{12}$ ③ 0

④ $\dfrac{5}{12}$ ⑤ $\dfrac{12}{13}$

05 ▶ 25652-0038
2021학년도 3월 학력평가 8번 상 중 하

곡선 $y=x^3-3x^2-9x$와 직선 $y=k$가 서로 다른 세 점에서 만나도록 하는 정수 k의 최댓값을 M, 최솟값을 m이라 할 때, $M-m$의 값은? [3점]

① 27   ② 28   ③ 29

④ 30   ⑤ 31

06 ▶ 25652-0039
2022학년도 10월 학력평가 8번 상 중 하

공비가 1보다 큰 등비수열 $\{a_n\}$의 첫째항부터 제n항까지의 합을 S_n이라 하자.

$$\frac{S_4}{S_2}=5,\ a_5=48$$

일 때, a_1+a_4의 값은? [3점]

① 39   ② 36   ③ 33

④ 30   ⑤ 27

곡선 $y=x^2-5x$와 직선 $y=x$로 둘러싸인 부분의 넓이를 직선 $x=k$가 이등분할 때, 상수 k의 값은? [3점]

① 3

② $\dfrac{13}{4}$

③ $\dfrac{7}{2}$

④ $\dfrac{15}{4}$

⑤ 4

부등식 $2^{x-6} \le \left(\dfrac{1}{4}\right)^x$을 만족시키는 모든 자연수 x의 값의 합을 구하시오. [3점]

09
▶ 25652-0042
2025학년도 9월 모의평가 17번
상 중 하

함수 $f(x)$에 대하여 $f'(x)=6x^2+2x+1$이고 $f(0)=1$일 때, $f(1)$의 값을 구하시오. [3점]

11
▶ 25652-0044
2019학년도 수능 나형 25번
상 중 하

$\int_1^4 (x+|x-3|)\,dx$의 값을 구하시오. [3점]

10
▶ 25652-0043
2023학년도 9월 모의평가 18번
상 중 하

수열 $\{a_n\}$에 대하여 $\sum\limits_{k=1}^{5} a_k = 10$일 때,

$$\sum_{k=1}^{5} ca_k = 65 + \sum_{k=1}^{5} c$$

를 만족시키는 상수 c의 값을 구하시오. [3점]

01 ▶ 25652-0045
2021학년도 3월 학력평가 5번
상중**하**

함수 $y=f(x)$의 그래프가 그림과 같다.

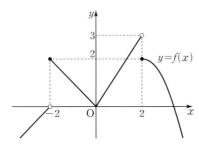

$\displaystyle\lim_{x \to -2+} f(x) + \lim_{x \to 2-} f(x)$의 값은? [3점]

① 6   ② 5   ③ 4

④ 3   ⑤ 2

02 ▶ 25652-0046
2024학년도 3월 학력평가 3번
상중**하**

$\cos \theta > 0$이고 $\sin \theta + \cos \theta \tan \theta = -1$일 때, $\tan \theta$의 값은? [3점]

① $-\sqrt{3}$ ② $-\dfrac{\sqrt{3}}{3}$ ③ $\dfrac{\sqrt{3}}{3}$

④ 1   ⑤ $\sqrt{3}$

03
▶ 25652-0047
2021학년도 6월 모의평가 가형 12번
상 중 하

자연수 n이 $2 \leq n \leq 11$일 때, $-n^2 + 9n - 18$의 n제곱근 중에서 음의 실수가 존재하도록 하는 모든 n의 값의 합은? [3점]

① 31   ② 33   ③ 35

④ 37   ⑤ 39

04
▶ 25652-0048
2022학년도 수능 6번
상 중 하

방정식 $2x^3 - 3x^2 - 12x + k = 0$이 서로 다른 세 실근을 갖도록 하는 정수 k의 개수는? [3점]

① 20   ② 23   ③ 26

④ 29   ⑤ 32

05 ▶ 25652-0049
2021학년도 9월 모의평가 가형 12번
상 중 하

$\overline{AB}=6$, $\overline{AC}=10$인 삼각형 ABC가 있다. 선분 AC 위에 점 D를 $\overline{AB}=\overline{AD}$가 되도록 잡는다. $\overline{BD}=\sqrt{15}$일 때, 선분 BC의 길이는? [3점]

① $\sqrt{37}$ ② $\sqrt{38}$ ③ $\sqrt{39}$

④ $2\sqrt{10}$ ⑤ $\sqrt{41}$

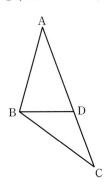

06 ▶ 25652-0050
2020학년도 10월 학력평가 나형 10번
상 중 하

양수 a에 대하여 곡선 $y=x^2$과 직선 $y=ax$로 둘러싸인 부분의 넓이는? [3점]

① $\dfrac{a^3}{12}$ ② $\dfrac{a^3}{8}$ ③ $\dfrac{a^3}{6}$

④ $\dfrac{a^3}{4}$ ⑤ $\dfrac{a^3}{3}$

07 ▶ 25652-0051
2023학년도 9월 모의평가 7번   상 중 하

수열 $\{a_n\}$의 첫째항부터 제n항까지의 합을 S_n이라 하자.

$S_n = \dfrac{1}{n(n+1)}$일 때, $\displaystyle\sum_{k=1}^{10}(S_k - a_k)$의 값은? [3점]

① $\dfrac{1}{2}$ ② $\dfrac{3}{5}$ ③ $\dfrac{7}{10}$

④ $\dfrac{4}{5}$ ⑤ $\dfrac{9}{10}$

08 ▶ 25652-0052
2019학년도 10월 학력평가 나형 24번   상 중 하

최고차항의 계수가 1인 이차함수 $f(x)$에 대하여

$\displaystyle\lim_{x\to 5}\frac{f(x)-x}{x-5}=8$일 때, $f(7)$의 값을 구하시오. [3점]

09 ▶ 25652-0053
2022학년도 6월 모의평가 16번 상 중 하

$\log_4 \dfrac{2}{3} + \log_4 24$의 값을 구하시오. [3점]

10 ▶ 25652-0054
2025학년도 9월 모의평가 19번 상 중 하

함수 $f(x) = x^3 + ax^2 - 9x + b$는 $x = 1$에서 극소이다. 함수 $f(x)$의 극댓값이 28일 때, $a+b$의 값을 구하시오.

(단, a와 b는 상수이다.) [3점]

11 ▶ 25652-0055
2022학년도 6월 모의평가 18번 상 중 하

모든 항이 양수인 등비수열 $\{a_n\}$에 대하여

$$a_2 = 36, \quad a_7 = \frac{1}{3} a_5$$

일 때, a_6의 값을 구하시오. [3점]

01
▶ 25652-0056
2022학년도 수능 4번   상 중 하

함수 $y=f(x)$의 그래프가 그림과 같다.

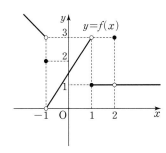

$\lim\limits_{x \to -1-} f(x) + \lim\limits_{x \to 2} f(x)$의 값은? [3점]

① 1   ② 2   ③ 3

④ 4   ⑤ 5

02
▶ 25652-0057
2023학년도 10월 학력평가 3번   상 중 하

공차가 3인 등차수열 $\{a_n\}$과 공비가 2인 등비수열 $\{b_n\}$이

$$a_2=b_2,\ a_4=b_4$$

를 만족시킬 때, a_1+b_1의 값은? [3점]

① -2 ② -1 ③ 0

④ 1   ⑤ 2

▸ 25652-0058
상 중 하

함수 $f(x)=2x^3-9x^2+ax+5$는 $x=1$에서 극대이고, $x=b$에서 극소이다. $a+b$의 값은? (단, a, b는 상수이다.) [3점]

① 12   ② 14   ③ 16

④ 18   ⑤ 20

▸ 25652-0059
상 중 하

$\tan\theta<0$이고 $\cos\left(\dfrac{\pi}{2}+\theta\right)=\dfrac{\sqrt{5}}{5}$일 때, $\cos\theta$의 값은? [3점]

① $-\dfrac{2\sqrt{5}}{5}$ ② $-\dfrac{\sqrt{5}}{5}$ ③ 0

④ $\dfrac{\sqrt{5}}{5}$ ⑤ $\dfrac{2\sqrt{5}}{5}$

05
► 25652-0060
2024학년도 3월 학력평가 8번
상 중 하

두 다항함수 $f(x)$, $g(x)$에 대하여

$$(x+1)f(x)+(1-x)g(x)=x^3+9x+1,\ f(0)=4$$

일 때, $f'(0)+g'(0)$의 값은? [3점]

① 1   ② 2   ③ 3

④ 4   ⑤ 5

06
► 25652-0061
2021학년도 10월 학력평가 4번
상 중 하

공차가 d인 등차수열 $\{a_n\}$의 첫째항부터 제n항까지의 합이 n^2-5n일 때, a_1+d의 값은? [3점]

① -4 ② -2 ③ 0

④ 2 ⑤ 4

07

▶ 25652-0062
2024학년도 9월 모의평가 8번

상 중 하

다항함수 $f(x)$가

$$f'(x)=6x^2-2f(1)x,\ f(0)=4$$

를 만족시킬 때, $f(2)$의 값은? [3점]

① 5　　② 6　　③ 7　　④ 8　　⑤ 9

08

▶ 25652-0063
2024학년도 수능 7번

상 중 하

함수 $f(x)=\frac{1}{3}x^3-2x^2-12x+4$가 $x=\alpha$에서 극대이고 $x=\beta$에서 극소일 때, $\beta-\alpha$의 값은? (단, α와 β는 상수이다.) [3점]

① -4　　② -1　　③ 2　　④ 5　　⑤ 8

09 ▸ 25652-0064
2023학년도 10월 학력평가 16번   상 중 하

방정식
$$\log_2 (x-2) = 1 + \log_4 (x+6)$$
을 만족시키는 실수 x의 값을 구하시오. [3점]

10 ▸ 25652-0065
2021학년도 6월 모의평가 가형 24번   상 중 하

수열 $\{a_n\}$은 $a_1=9$, $a_2=3$이고, 모든 자연수 n에 대하여
$$a_{n+2} = a_{n+1} - a_n$$
을 만족시킨다. $|a_k|=3$을 만족시키는 100 이하의 자연수 k의 개수를 구하시오. [3점]

11 ▸ 25652-0066
2023학년도 9월 모의평가 17번   상 중 하

함수 $f(x)$에 대하여 $f'(x)=6x^2-4x+3$이고 $f(1)=5$일 때, $f(2)$의 값을 구하시오. [3점]

07회 미니모의고사

01 ▶ 25652-0067
2025학년도 6월 모의평가 7번   상 중 하

x에 대한 방정식 $x^3 - 3x^2 - 9x + k = 0$의 서로 다른 실근의 개수가 2가 되도록 하는 모든 실수 k의 값의 합은? [3점]

① 13   ② 16   ③ 19

④ 22   ⑤ 25

02 ▶ 25652-0068
2020학년도 수능 가형 7번   상 중 하

$0 < x < 2\pi$일 때, 방정식 $4\cos^2 x - 1 = 0$과 부등식 $\sin x \cos x < 0$을 동시에 만족시키는 모든 x의 값의 합은? [3점]

① $\dfrac{10}{3}\pi$ ② 3π ③ $\dfrac{8}{3}\pi$

④ $\dfrac{7}{3}\pi$ ⑤ 2π

03
▶ 25652-0069
2023학년도 9월 모의평가 9번
상 중 하

닫힌구간 $[0, 12]$에서 정의된 두 함수

$$f(x)=\cos\frac{\pi}{6}x,\ g(x)=-3\cos\frac{\pi}{6}x-1$$

이 있다. 곡선 $y=f(x)$와 직선 $y=k$가 만나는 두 점의 x좌표를 α_1, α_2라 할 때, $|\alpha_1-\alpha_2|=8$이다. 곡선 $y=g(x)$와 직선 $y=k$가 만나는 두 점의 x좌표를 β_1, β_2라 할 때, $|\beta_1-\beta_2|$의 값은? (단, k는 $-1<k<1$인 상수이다.) [3점]

① 3   ② $\dfrac{7}{2}$ ③ 4

④ $\dfrac{9}{2}$ ⑤ 5

04
▶ 25652-0070
2022학년도 9월 모의평가 8번
상 중 하

삼차함수 $f(x)$가

$$\lim_{x\to 0}\frac{f(x)}{x}=\lim_{x\to 1}\frac{f(x)}{x-1}=1$$

을 만족시킬 때, $f(2)$의 값은? [3점]

① 4   ② 6   ③ 8

④ 10   ⑤ 12

▶ 25652-0071
2023학년도 3월 학력평가 3번 　상 중 하

등비수열 $\{a_n\}$이

$$a_5=4,\ a_7=4a_6-16$$

을 만족시킬 때, a_8의 값은? [3점]

① 32　　　　② 34　　　　③ 36

④ 38　　　　⑤ 40

▶ 25652-0072
2022학년도 10월 학력평가 6번 　상 중 하

함수 $f(x)=x^3-2x^2+2x+a$에 대하여 곡선 $y=f(x)$ 위의 점 $(1,\ f(1))$에서의 접선이 x축, y축과 만나는 점을 각각 P, Q라 하자. $\overline{PQ}=6$일 때, 양수 a의 값은? [3점]

① $2\sqrt{2}$　　　　② $\dfrac{5\sqrt{2}}{2}$　　　　③ $3\sqrt{2}$

④ $\dfrac{7\sqrt{2}}{2}$　　　　⑤ $4\sqrt{2}$

07

▶ 25652-0073

2022학년도 6월 모의평가 7번

상 중 하

첫째항이 2인 등차수열 $\{a_n\}$의 첫째항부터 제n항까지의 합을 S_n이라 하자.

$$a_6 = 2(S_3 - S_2)$$

일 때, S_{10}의 값은? [3점]

① 100　　　　② 110　　　　③ 120

④ 130　　　　⑤ 140

08

▶ 25652-0074

2022학년도 10월 학력평가 18번

상 중 하

$\sum\limits_{k=1}^{6}(k+1)^2 - \sum\limits_{k=1}^{5}(k-1)^2$의 값을 구하시오. [3점]

09
▶ 25652-0075
2021학년도 수능 나형 24번
상 중 **하**

$\log_3 72 - \log_3 8$의 값을 구하시오. [3점]

10
▶ 25652-0076
2023학년도 10월 학력평가 19번
상 중 **하**

시각 $t=0$일 때 동시에 원점을 출발하여 수직선 위를 움직이는 두 점 P, Q의 시각 t $(t \geq 0)$에서의 속도가 각각

$$v_1(t) = 12t - 12, \ v_2(t) = 3t^2 + 2t - 12$$

이다. 시각 $t=k$ $(k>0)$에서 두 점 P, Q의 위치가 같을 때, 시각 $t=0$에서 $t=k$까지 점 P가 움직인 거리를 구하시오. [3점]

11
▶ 25652-0077
2024학년도 수능 19번
상 중 **하**

함수 $f(x) = \sin \dfrac{\pi}{4} x$라 할 때, $0 < x < 16$에서 부등식

$$f(2+x)f(2-x) < \frac{1}{4}$$

을 만족시키는 모든 자연수 x의 값의 합을 구하시오. [3점]

08회 미니모의고사

학습일 20   년   월   일

01 ▶ 25652-0078
2023학년도 3월 학력평가 5번   상 중 하

$\cos(\pi+\theta)=\dfrac{1}{3}$ 이고 $\sin(\pi+\theta)>0$ 일 때, $\tan\theta$의 값은?

[3점]

① $-2\sqrt{2}$ ② $-\dfrac{\sqrt{2}}{4}$ ③ 1

④ $\dfrac{\sqrt{2}}{4}$ ⑤ $2\sqrt{2}$

02 ▶ 25652-0079
2025학년도 6월 모의평가 5번   상 중 하

함수 $f(x)=(x^2-1)(x^2+2x+2)$에 대하여 $f'(1)$의 값은?

[3점]

① 6   ② 7   ③ 8

④ 9   ⑤ 10

03 ▶ 25652-0080
2023학년도 3월 학력평가 6번 상 중 하

함수

$$f(x)=\begin{cases} x^2-ax+1 & (x<2) \\ -x+1 & (x\geq 2) \end{cases}$$

에 대하여 함수 $\{f(x)\}^2$이 실수 전체의 집합에서 연속이 되도록 하는 모든 상수 a의 값의 합은? [3점]

① 5   ② 6   ③ 7

④ 8   ⑤ 9

04 ▶ 25652-0081
2021학년도 9월 모의평가 가형 13번 상 중 하

곡선 $y=2^{ax+b}$과 직선 $y=x$가 서로 다른 두 점 A, B에서 만날 때, 두 점 A, B에서 x축에 내린 수선의 발을 각각 C, D라 하자. $\overline{AB}=6\sqrt{2}$이고 사각형 ACDB의 넓이가 30일 때, $a+b$의 값은? (단, a, b는 상수이다.) [3점]

① $\dfrac{1}{6}$ ② $\dfrac{1}{3}$ ③ $\dfrac{1}{2}$

④ $\dfrac{2}{3}$ ⑤ $\dfrac{5}{6}$

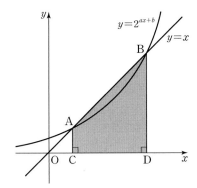

05

▶ 25652-0082
2023학년도 10월 학력평가 7번

상 중 하

등차수열 $\{a_n\}$의 첫째항부터 제n항까지의 합을 S_n이라 할 때,

$$S_7 - S_4 = 0, \ S_6 = 30$$

이다. a_2의 값은? [3점]

① 6   ② 8   ③ 10

④ 12   ⑤ 14

06

▶ 25652-0083
2020학년도 9월 모의평가 나형 12번

상 중 하

$\displaystyle\sum_{k=1}^{9}(k+1)^2 - \sum_{k=1}^{10}(k-1)^2$의 값은? [3점]

① 91   ② 93   ③ 95

④ 97   ⑤ 99

삼차함수 $f(x)$가 모든 실수 x에 대하여

$$xf(x)-f(x)=3x^4-3x$$

를 만족시킬 때, $\displaystyle\int_{-2}^{2} f(x)dx$의 값은? [3점]

① 12　　　　　② 16　　　　　③ 20

④ 24　　　　　⑤ 28

방정식

$$\log_3 (x+2)-\log_{\frac{1}{3}} (x-4)=3$$

을 만족시키는 실수 x의 값을 구하시오. [3점]

09 ▶ 25652-0086
2024학년도 9월 모의평가 18번 상 중 하

함수 $f(x)=(x^2+1)(x^2+ax+3)$에 대하여 $f'(1)=32$일 때, 상수 a의 값을 구하시오. [3점]

11 ▶ 25652-0088
2021학년도 10월 학력평가 17번 상 중 하

수직선 위를 움직이는 점 P의 시각 $t(t\geq0)$에서의 속도 $v(t)$가 $v(t)=12-4t$일 때, 시각 $t=0$에서 $t=4$까지 점 P가 움직인 거리를 구하시오. [3점]

10 ▶ 25652-0087
2020학년도 수능 나형 23번 상 중 하

모든 항이 양수인 등비수열 $\{a_n\}$에 대하여

$$\frac{a_{16}}{a_{14}}+\frac{a_8}{a_7}=12$$

일 때, $\dfrac{a_3}{a_1}+\dfrac{a_6}{a_3}$의 값을 구하시오. [3점]

01 ▸ 25652-0089
2021학년도 10월 학력평가 6번   상 중 하

곡선 $y=6^{-x}$ 위의 두 점 A$(a, 6^{-a})$, B$(a+1, 6^{-a-1})$에 대하여 선분 AB는 한 변의 길이가 1인 정사각형의 대각선이다. 6^{-a}의 값은? [3점]

① $\dfrac{6}{5}$ ② $\dfrac{7}{5}$ ③ $\dfrac{8}{5}$

④ $\dfrac{9}{5}$ ⑤ 2

02 ▸ 25652-0090
2024학년도 3월 학력평가 7번   상 중 하

함수 $f(x)=\dfrac{1}{3}x^3-2x^2-5x+1$이 닫힌구간 $[a, b]$에서 감소할 때, $b-a$의 최댓값은? (단, a, b는 $a<b$인 실수이다.) [3점]

① 6   ② 7   ③ 8

④ 9   ⑤ 10

03
▶ 25652-0091
2022학년도 수능 7번
상 중 하

$\pi < \theta < \dfrac{3}{2}\pi$인 θ에 대하여 $\tan \theta - \dfrac{6}{\tan \theta} = 1$일 때,

$\sin \theta + \cos \theta$의 값은? [3점]

① $-\dfrac{2\sqrt{10}}{5}$　　② $-\dfrac{\sqrt{10}}{5}$　　③ 0

④ $\dfrac{\sqrt{10}}{5}$　　⑤ $\dfrac{2\sqrt{10}}{5}$

04
▶ 25652-0092
2021학년도 6월 모의평가 나형 10번
상 중 하

함수 $f(x) = -\dfrac{1}{3}x^3 + 2x^2 + mx + 1$이 $x = 3$에서 극대일 때,

상수 m의 값은? [3점]

① -3　　② -1　　③ 1

④ 3　　⑤ 5

상 중 하

모든 항이 양수인 등비수열 $\{a_n\}$에 대하여

$$\frac{a_3 a_8}{a_6} = 12, \quad a_5 + a_7 = 36$$

일 때, a_{11}의 값은? [3점]

① 72   ② 78   ③ 84

④ 90   ⑤ 96

상 중 하

그림과 같이 두 함수 $y = ax^2 + 2$와 $y = 2|x|$의 그래프가 두 점 A, B에서 각각 접한다. 두 함수 $y = ax^2 + 2$와 $y = 2|x|$의 그래프로 둘러싸인 부분의 넓이는? (단, a는 상수이다.) [3점]

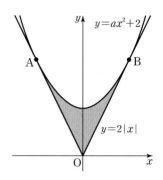

① $\dfrac{13}{6}$ ② $\dfrac{7}{3}$ ③ $\dfrac{5}{2}$

④ $\dfrac{8}{3}$ ⑤ $\dfrac{17}{6}$

07
▶ 25652-0095
2021학년도 9월 모의평가 나형 9번
[상 중 하]

$\overline{AB}=8$이고 $\angle A=45°$, $\angle B=15°$인 삼각형 ABC에서 선분 BC의 길이는? [3점]

① $2\sqrt{6}$　　② $\dfrac{7\sqrt{6}}{3}$　　③ $\dfrac{8\sqrt{6}}{3}$

④ $3\sqrt{6}$　　⑤ $\dfrac{10\sqrt{6}}{3}$

08
▶ 25652-0096
2023학년도 3월 학력평가 8번
[상 중 하]

두 점 $A(m,\ m+3)$, $B(m+3,\ m-3)$에 대하여 선분 AB를 $2:1$로 내분하는 점이 곡선 $y=\log_4 (x+8)+m-3$ 위에 있을 때, 상수 m의 값은? [3점]

① 4　　② $\dfrac{9}{2}$　　③ 5

④ $\dfrac{11}{2}$　　⑤ 6

09 ▶ 25652-0097
2023학년도 수능 17번
상 중 하

함수 $f(x)$에 대하여 $f'(x)=4x^3-2x$이고 $f(0)=3$일 때, $f(2)$의 값을 구하시오. [3점]

11 ▶ 25652-0099
2023학년도 6월 모의평가 18번
상 중 하

$\sum\limits_{k=1}^{10}(4k+a)=250$일 때, 상수 a의 값을 구하시오. [3점]

10 ▶ 25652-0098
2024학년도 3월 학력평가 17번
상 중 하

$\int_0^2(3x^2-2x+3)dx-\int_2^0(2x+1)dx$의 값을 구하시오.

[3점]

10회 미니모의고사

EBS 수능 기출의 미래 미니모의고사 공통(수학 Ⅰ·수학 Ⅱ) 3점

학습일 20   년   월   일

01
▶ 25652-0100
2022학년도 10월 학력평가 4번   [상][중][하]

함수 $y=f(x)$의 그래프가 그림과 같다.

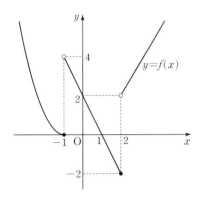

$\displaystyle\lim_{x\to -1+} f(x) + \lim_{x\to 2-} f(x)$의 값은? [3점]

① -4 ② -2 ③ 0

④ 2 ⑤ 4

02
▶ 25652-0101
2022학년도 9월 모의평가 4번   [상][중][하]

함수

$$f(x)=\begin{cases} 2x+a & (x\le -1) \\ x^2-5x-a & (x>-1) \end{cases}$$

이 실수 전체의 집합에서 연속일 때, 상수 a의 값은? [3점]

① 1 ② 2 ③ 3

④ 4 ⑤ 5

▶ 25652-0102

03
2022학년도 10월 학력평가 3번 상 중 하

모든 항이 양수인 등비수열 $\{a_n\}$에 대하여

$$a_1 a_3 = 4,\ a_3 a_5 = 64$$

일 때, a_6의 값은? [3점]

① 16   ② $16\sqrt{2}$ ③ 32

④ $32\sqrt{2}$ ⑤ 64

▶ 25652-0103

04
2020학년도 3월 학력평가 가형 6번 상 중 하

부등식 $\log_{18}(n^2 - 9n + 18) < 1$을 만족시키는 모든 자연수 n의 값의 합은? [3점]

① 14   ② 15   ③ 16

④ 17   ⑤ 18

05 ▶ 25652-0104
2021학년도 6월 모의평가 가형 6번   상 중 하

두 양수 a, b에 대하여 좌표평면 위의 두 점 $(2, \log_4 a)$, $(3, \log_2 b)$를 지나는 직선이 원점을 지날 때, $\log_a b$의 값은? (단, $a \neq 1$) [3점]

① $\dfrac{1}{4}$　　　　② $\dfrac{1}{2}$　　　　③ $\dfrac{3}{4}$

④ 1　　　　⑤ $\dfrac{5}{4}$

06 ▶ 25652-0105
2025학년도 6월 모의평가 6번   상 중 하

$\pi < \theta < \dfrac{3}{2}\pi$인 θ에 대하여 $\sin\left(\theta - \dfrac{\pi}{2}\right) = \dfrac{3}{5}$일 때, $\sin \theta$의 값은? [3점]

① $-\dfrac{4}{5}$　　　　② $-\dfrac{3}{5}$　　　　③ $\dfrac{3}{5}$

④ $\dfrac{3}{4}$　　　　⑤ $\dfrac{4}{5}$

07 ▶ 25652-0106
2020학년도 3월 학력평가 나형 5번
상 중 하

$\displaystyle\int_5^2 2t\,dt - \int_5^0 2t\,dt$의 값은? [3점]

① -4 ② -2 ③ 0

④ 2 ⑤ 4

08 ▶ 25652-0107
2024학년도 6월 모의평가 18번
상 중 하

두 상수 a, b에 대하여 삼차함수 $f(x)=ax^3+bx+a$는 $x=1$에서 극소이다. 함수 $f(x)$의 극솟값이 -2일 때, 함수 $f(x)$의 극댓값을 구하시오. [3점]

09 ▸ 25652-0108
2023학년도 3월 학력평가 17번 　상 중 하

직선 $y=4x+5$가 곡선 $y=2x^4-4x+k$에 접할 때, 상수 k의 값을 구하시오. [3점]

11 ▸ 25652-0110
2023학년도 6월 모의평가 17번 　상 중 하

함수 $f(x)$에 대하여 $f'(x)=8x^3+6x^2$이고 $f(0)=-1$일 때, $f(-2)$의 값을 구하시오. [3점]

10 ▸ 25652-0109
2023학년도 10월 학력평가 18번 　상 중 하

두 수열 $\{a_n\}$, $\{b_n\}$에 대하여

$$\sum_{k=1}^{10}(a_k-b_k+2)=50,\ \sum_{k=1}^{10}(a_k-2b_k)=-10$$

일 때, $\sum_{k=1}^{10}(a_k+b_k)$의 값을 구하시오. [3점]

11회 미니모의고사

01 ▶ 25652-0111
2025학년도 6월 모의평가 3번   상 중 하

수열 $\{a_n\}$에 대하여 $\sum\limits_{k=1}^{5}(a_k+1)=9$이고 $a_6=4$일 때,

$\sum\limits_{k=1}^{6}a_k$의 값은? [3점]

① 6   ② 7   ③ 8
④ 9   ⑤ 10

02 ▶ 25652-0112
2021학년도 9월 모의평가 나형 6번   상 중 하

닫힌구간 $[-2, 2]$에서 정의된 함수 $y=f(x)$의 그래프가 그림과 같다.

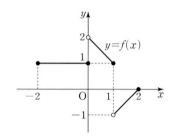

$\lim\limits_{x\to 0+} f(x) + \lim\limits_{x\to 2-} f(x)$의 값은? [3점]

① -2 ② -1 ③ 0
④ 1 ⑤ 2

03 ▶ 25652-0113
2022학년도 9월 모의평가 6번 　　상 중 하

$\dfrac{\pi}{2}<\theta<\pi$인 θ에 대하여 $\dfrac{\sin\theta}{1-\sin\theta}-\dfrac{\sin\theta}{1+\sin\theta}=4$일 때, $\cos\theta$의 값은? [3점]

① $-\dfrac{\sqrt{3}}{3}$ 　　　② $-\dfrac{1}{3}$ 　　　③ 0

④ $\dfrac{1}{3}$ 　　　⑤ $\dfrac{\sqrt{3}}{3}$

04 ▶ 25652-0114
2024학년도 6월 모의평가 5번 　　상 중 하

다항함수 $f(x)$에 대하여 함수 $g(x)$를
$$g(x)=(x^3+1)f(x)$$
라 하자. $f(1)=2$, $f'(1)=3$일 때, $g'(1)$의 값은? [3점]

① 12 　　　② 14 　　　③ 16
④ 18 　　　⑤ 20

열린구간 $(0, \pi)$에서 부등식

$$(2^x - 8)\left(\cos x - \frac{1}{2}\right) < 0$$

의 해가 $a < x < b$ 또는 $c < x < d$일 때, $(b-a) + (d-c)$의 값은? (단, $b < c$) [3점]

① $\pi - 3$
② $\frac{7}{6}\pi - 3$
③ $\frac{4}{3}\pi - 3$

④ $3 - \frac{\pi}{3}$
⑤ $3 - \frac{\pi}{6}$

등차수열 $\{a_n\}$에 대하여

$$a_1 = a_3 + 8, \quad 2a_4 - 3a_6 = 3$$

일 때, $a_k < 0$을 만족시키는 자연수 k의 최솟값은? [3점]

① 8
② 10
③ 12

④ 14
⑤ 16

07
▶ 25652-0117
2023학년도 수능 19번 상 중 하

방정식 $2x^3-6x^2+k=0$의 서로 다른 양의 실근의 개수가 2가 되도록 하는 정수 k의 개수를 구하시오. [3점]

08
▶ 25652-0118
2019학년도 수능 나형 23번 상 중 하

함수 $f(x)=x^4-3x^2+8$에 대하여 $f'(2)$의 값을 구하시오.
[3점]

상 중 하

$\log_5 40 + \log_5 \dfrac{5}{8}$의 값을 구하시오. [3점]

상 중 하

$\displaystyle\sum_{k=1}^{9}(ak^2 - 10k) = 120$일 때, 상수 a의 값을 구하시오. [3점]

상 중 하

$\displaystyle\int_0^3 x^2\,dx$의 값을 구하시오. [3점]

01

▶ 25652-0122

2022학년도 6월 모의평가 4번   상 중 하

함수 $y=f(x)$의 그래프가 그림과 같다.

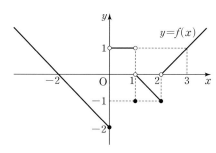

$\lim\limits_{x\to 0-}f(x)+\lim\limits_{x\to 2+}f(x)$의 값은? [3점]

① -2 ② -1 ③ 0

④ 1 ⑤ 2

02

▶ 25652-0123

2025학년도 9월 모의평가 3번   상 중 하

모든 항이 실수인 등비수열 $\{a_n\}$에 대하여

$$a_2a_3=2,\ a_4=4$$

일 때, a_6의 값은? [3점]

① 10   ② 12   ③ 14

④ 16   ⑤ 18

► 25652-0124
2021학년도 3월 학력평가 6번
상 중 하

함수

$$f(x) = \begin{cases} \dfrac{x^2+ax+b}{x-3} & (x<3) \\ \dfrac{2x+1}{x-2} & (x\geq3) \end{cases}$$

이 실수 전체의 집합에서 연속일 때, $a-b$의 값은?

(단, a, b는 상수이다.) [3점]

① 9　　　　　② 10　　　　　③ 11

④ 12　　　　　⑤ 13

► 25652-0125
2024학년도 6월 모의평가 6번
상 중 하

$\cos\theta<0$이고 $\sin(-\theta)=\dfrac{1}{7}\cos\theta$일 때, $\sin\theta$의 값은?

[3점]

① $-\dfrac{3\sqrt{2}}{10}$　　　　② $-\dfrac{\sqrt{2}}{10}$　　　　③ 0

④ $\dfrac{\sqrt{2}}{10}$　　　　⑤ $\dfrac{3\sqrt{2}}{10}$

05 ▸ 25652-0126
2019학년도 수능 나형 9번 　상 중 하

함수 $f(x)=x^3-3x+a$의 극댓값이 7일 때, 상수 a의 값은?

[3점]

① 1 　　　② 2 　　　③ 3

④ 4 　　　⑤ 5

06 ▸ 25652-0127
2023학년도 수능 7번 　상 중 하

모든 항이 양수이고 첫째항과 공차가 같은 등차수열 $\{a_n\}$이

$$\sum_{k=1}^{15} \frac{1}{\sqrt{a_k}+\sqrt{a_{k+1}}}=2$$

를 만족시킬 때, a_4의 값은? [3점]

① 6 　　　② 7 　　　③ 8

④ 9 　　　⑤ 10

함수 $y=|x^2-2x|+1$의 그래프와 x축, y축 및 직선 $x=2$로 둘러싸인 부분의 넓이는? [3점]

① $\dfrac{8}{3}$　　　② 3　　　③ $\dfrac{10}{3}$

④ $\dfrac{11}{3}$　　　⑤ 4

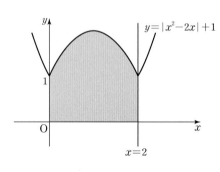

수열 $\{a_n\}$에 대하여

$$\sum_{k=1}^{10} a_k + \sum_{k=1}^{9} a_k = 137, \quad \sum_{k=1}^{10} a_k - \sum_{k=1}^{9} 2a_k = 101$$

일 때, a_{10}의 값을 구하시오. [3점]

09 ▶ 25652-0130
2023학년도 6월 모의평가 19번 상 중 하

함수 $f(x)=x^4+ax^2+b$는 $x=1$에서 극소이다. 함수 $f(x)$의 극댓값이 4일 때, $a+b$의 값을 구하시오.

(단, a와 b는 상수이다.) [3점]

10 ▶ 25652-0131
2020학년도 10월 학력평가 나형 25번 상 중 하

함수 $f(x)=(1+x^4+x^8+x^{12})(1+x+x^2+x^3)$일 때, $\dfrac{f(2)}{\{f(1)-1\}\{f(1)+1\}}$의 값을 구하시오. [3점]

11 ▶ 25652-0132
2021학년도 9월 모의평가 나형 23번 상 중 하

함수 $f(x)$가
$$f'(x)=-x^3+3,\ f(2)=10$$
을 만족시킬 때, $f(0)$의 값을 구하시오. [3점]

13회 미니모의고사

01 ▶ 25652-0133
2021학년도 6월 모의평가 나형 7번   상 중 하

열린구간 $(0, 4)$에서 정의된 함수 $y=f(x)$의 그래프가 그림과 같다.

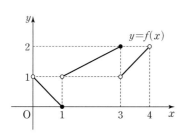

$\lim\limits_{x \to 1+} f(x) - \lim\limits_{x \to 3-} f(x)$의 값은? [3점]

① -2 ② -1 ③ 0

④ 1 ⑤ 2

02 ▶ 25652-0134
2018학년도 수능 나형 9번   상 중 하

$\int_0^a (3x^2-4)\,dx=0$을 만족시키는 양수 a의 값은? [3점]

① 2 ② $\dfrac{9}{4}$ ③ $\dfrac{5}{2}$

④ $\dfrac{11}{4}$ ⑤ 3

03 ▸ 25652-0135
2024학년도 6월 모의평가 3번 　상 중 하

수열 $\{a_n\}$에 대하여 $\sum_{k=1}^{10}(2a_k+3)=60$일 때, $\sum_{k=1}^{10}a_k$의 값은?

[3점]

① 10 　　　　② 15 　　　　③ 20

④ 25 　　　　⑤ 30

04 ▸ 25652-0136
2023학년도 9월 모의평가 6번 　상 중 하

함수 $f(x)=x^3-3x^2+k$의 극댓값이 9일 때, 함수 $f(x)$의 극솟값은? (단, k는 상수이다.) [3점]

① 1 　　　　② 2 　　　　③ 3

④ 4 　　　　⑤ 5

$\dfrac{\pi}{2}<\theta<\pi$인 θ에 대하여 $\cos(\pi+\theta)=\dfrac{2\sqrt{5}}{5}$일 때, $\sin\theta+\cos\theta$의 값은? [3점]

① $-\dfrac{2\sqrt{5}}{5}$ ② $-\dfrac{\sqrt{5}}{5}$ ③ 0

④ $\dfrac{\sqrt{5}}{5}$ ⑤ $\dfrac{2\sqrt{5}}{5}$

자연수 n에 대하여 x에 대한 이차방정식
$$x^2-nx+4(n-4)=0$$
이 서로 다른 두 실근 α, β $(\alpha<\beta)$를 갖고, 세 수 1, α, β가 이 순서대로 등차수열을 이룰 때, n의 값은? [3점]

① 5 ② 8 ③ 11
④ 14 ⑤ 17

07

▶ 25652-0139

2023학년도 10월 학력평가 8번

상 중 하

두 함수

$$f(x) = -x^4 - x^3 + 2x^2, \ g(x) = \frac{1}{3}x^3 - 2x^2 + a$$

가 있다. 모든 실수 x에 대하여 부등식

$$f(x) \le g(x)$$

가 성립할 때, 실수 a의 최솟값은? [3점]

① 8   ② $\dfrac{26}{3}$ ③ $\dfrac{28}{3}$

④ 10   ⑤ $\dfrac{32}{3}$

08

▶ 25652-0140

2022학년도 10월 학력평가 16번

상 중 하

$\log_2 96 + \log_{\frac{1}{4}} 9$의 값을 구하시오. [3점]

두 수열 $\{a_n\}$, $\{b_n\}$에 대하여

$$\sum_{k=1}^{10} a_k = \sum_{k=1}^{10} (2b_k - 1), \quad \sum_{k=1}^{10} (3a_k + b_k) = 33$$

일 때, $\sum_{k=1}^{10} b_k$의 값을 구하시오. [3점]

방정식 $\log_2 (x-1) = \log_4 (13+2x)$를 만족시키는 실수 x의 값을 구하시오. [3점]

함수 $f(x) = x^3 - 2x^2 + 4$에 대하여 $f'(3)$의 값을 구하시오.

[3점]

01
▶ 25652-0144
2020학년도 6월 모의평가 나형 7번
상 중 하

닫힌구간 $[-2, 2]$에서 정의된 함수 $y=f(x)$의 그래프가 그림과 같다.

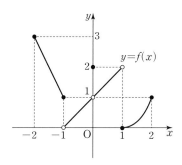

$\lim\limits_{x \to -1+} f(x) + \lim\limits_{x \to 1-} f(x)$의 값은? [3점]

① 1 ② 2 ③ 3
④ 4 ⑤ 5

02
▶ 25652-0145
2020학년도 10월 학력평가 가형 8번
상 중 하

부등식 $\log_2 (x^2-7x) - \log_2 (x+5) \leq 1$을 만족시키는 모든 정수 x의 값의 합은? [3점]

① 22 ② 24 ③ 26
④ 28 ⑤ 30

03 ▶ 25652-0146
2023학년도 9월 모의평가 4번 상 중 **하**

함수

$$f(x)=\begin{cases} -2x+a & (x \le a) \\ ax-6 & (x > a) \end{cases}$$

가 실수 전체의 집합에서 연속이 되도록 하는 모든 상수 a의 값의 합은? [3점]

① -1 ② -2 ③ -3

④ -4 ⑤ -5

04 ▶ 25652-0147
2022학년도 10월 학력평가 5번 상 중 **하**

$\dfrac{\pi}{2} < \theta < \pi$인 θ에 대하여 $\sin\theta = 2\cos(\pi-\theta)$일 때, $\cos\theta\tan\theta$의 값은? [3점]

① $-\dfrac{2\sqrt{5}}{5}$ ② $-\dfrac{\sqrt{5}}{5}$ ③ $\dfrac{1}{5}$

④ $\dfrac{\sqrt{5}}{5}$ ⑤ $\dfrac{2\sqrt{5}}{5}$

05 ▶ 25652-0148
2025학년도 9월 모의평가 7번 상 중 **하**

함수

$$f(x)=\begin{cases}(x-a)^2 & (x<4) \\ 2x-4 & (x\geq4)\end{cases}$$

가 실수 전체의 집합에서 연속이 되도록 하는 모든 상수 a의 값의 곱은? [3점]

① 6   ② 9   ③ 12

④ 15   ⑤ 18

06 ▶ 25652-0149
2024학년도 6월 모의평가 7번 상 **중** 하

상수 $a\,(a>2)$에 대하여 함수 $y=\log_2(x-a)$의 그래프의 점근선이 두 곡선 $y=\log_2\dfrac{x}{4}$, $y=\log_{\frac{1}{2}}x$와 만나는 점을 각각 A, B라 하자. $\overline{\text{AB}}=4$일 때, a의 값은? [3점]

① 4   ② 6   ③ 8

④ 10   ⑤ 12

07 ▶ 25652-0150
2024학년도 3월 학력평가 19번
상 중 하

실수 a에 대하여 함수 $f(x)=x^3-\dfrac{5}{2}x^2+ax+2$이다.

곡선 $y=f(x)$ 위의 두 점 A$(0, 2)$, B$(2, f(2))$에서의 접선을 각각 l, m이라 하자. 두 직선 l, m이 만나는 점이 x축 위에 있을 때, $60 \times |f(2)|$의 값을 구하시오. [3점]

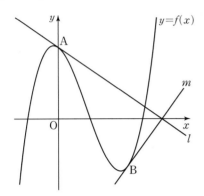

08 ▶ 25652-0151
2024학년도 수능 16번
상 중 하

방정식 $3^{x-8}=\left(\dfrac{1}{27}\right)^x$을 만족시키는 실수 x의 값을 구하시오. [3점]

09 ▸ 25652-0152
2022학년도 수능 19번   상 중 하

함수 $f(x)=x^3+ax^2-(a^2-8a)x+3$이 실수 전체의 집합에서 증가하도록 하는 실수 a의 최댓값을 구하시오. [3점]

10 ▸ 25652-0153
2023학년도 3월 학력평가 18번   상 중 하

n이 자연수일 때, x에 대한 이차방정식

$$x^2-5nx+4n^2=0$$

의 두 근을 α_n, β_n이라 하자. $\displaystyle\sum_{n=1}^{7}(1-\alpha_n)(1-\beta_n)$의 값을 구하시오. [3점]

11 ▸ 25652-0154
2021학년도 6월 모의평가 나형 23번   상 중 하

함수 $f(x)$가

$$f'(x)=x^3+x, \ f(0)=3$$

을 만족시킬 때, $f(2)$의 값을 구하시오. [3점]

15회 미니모의고사

01
▶ 25652-0155
2021학년도 10월 학력평가 5번   상 중 하

함수 $y=f(x)$의 그래프가 그림과 같다.

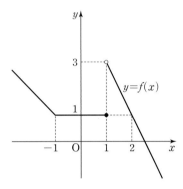

함수 $(x^2+ax+b)f(x)$가 $x=1$에서 연속일 때, $a+b$의 값은? (단, a, b는 실수이다.) [3점]

① -2 ② -1 ③ 0

④ 1 ⑤ 2

02
▶ 25652-0156
2023학년도 수능 4번   상 중 하

다항함수 $f(x)$에 대하여 함수 $g(x)$를

$$g(x)=x^2f(x)$$

라 하자. $f(2)=1$, $f'(2)=3$일 때, $g'(2)$의 값은? [3점]

① 12 ② 14 ③ 16

④ 18 ⑤ 20

03
▶ 25652-0157
2022학년도 3월 학력평가 5번
상 중 하

$\dfrac{\pi}{2}<\theta<\pi$인 θ에 대하여 $\cos\theta\tan\theta=\dfrac{1}{2}$일 때, $\cos\theta+\tan\theta$의 값은? [3점]

① $-\dfrac{5\sqrt{3}}{6}$ ② $-\dfrac{2\sqrt{3}}{3}$ ③ $-\dfrac{\sqrt{3}}{2}$

④ $-\dfrac{\sqrt{3}}{3}$ ⑤ $-\dfrac{\sqrt{3}}{6}$

04
▶ 25652-0158
2023학년도 9월 모의평가 8번
상 중 하

곡선 $y=x^{3}-4x+5$ 위의 점 $(1,\ 2)$에서의 접선이 곡선 $y=x^{4}+3x+a$에 접할 때, 상수 a의 값은? [3점]

① 6   ② 7   ③ 8

④ 9   ⑤ 10

등비수열 $\{a_n\}$의 첫째항부터 제n항까지의 합을 S_n이라 하자.

$$S_4 - S_2 = 3a_4, \quad a_5 = \frac{3}{4}$$

일 때, $a_1 + a_2$의 값은? [3점]

① 27　　　② 24　　　③ 21

④ 18　　　⑤ 15

두 곡선 $y = 2x^2 - 1$, $y = x^3 - x^2 + k$가 만나는 점의 개수가 2가 되도록 하는 양수 k의 값은? [3점]

① 1　　　② 2　　　③ 3

④ 4　　　⑤ 5

07

▶ 25652-0161

2020학년도 6월 모의평가 나형 9번

상 중 하

수열 $\{a_n\}$은 $a_1=1$이고, 모든 자연수 n에 대하여

$$a_{n+1}+(-1)^n \times a_n=2^n$$

을 만족시킨다. a_5의 값은? [3점]

① 1   ② 3   ③ 5

④ 7   ⑤ 9

08

▶ 25652-0162

2023학년도 수능 18번

상 중 하

두 수열 $\{a_n\}$, $\{b_n\}$에 대하여

$$\sum_{k=1}^{5}(3a_k+5)=55, \quad \sum_{k=1}^{5}(a_k+b_k)=32$$

일 때, $\sum_{k=1}^{5} b_k$의 값을 구하시오. [3점]

그림과 같이 두 곡선 $y=\log_2 x$, $y=\log_{\frac{1}{2}} x$가 만나는 점을 A라 하고, 직선 $x=k\,(k>1)$이 두 곡선과 만나는 점을 각각 B, C라 하자. 삼각형 ACB의 무게중심의 좌표가 $(3,\ 0)$일 때, 삼각형 ACB의 넓이를 구하시오. [3점]

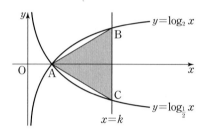

$\displaystyle \int_1^3 (4x^3-6x+4)\,dx + \int_1^3 (6x-1)\,dx$의 값을 구하시오.

[3점]

두 수열 $\{a_n\}$, $\{b_n\}$에 대하여

$$\sum_{k=1}^{10} (a_k+2b_k)=45,\quad \sum_{k=1}^{10}(a_k-b_k)=3$$

일 때, $\displaystyle \sum_{k=1}^{10}\left(b_k-\frac{1}{2}\right)$의 값을 구하시오. [3점]

01 ▶ 25652-0166
2024학년도 3월 학력평가 4번   상 중 **하**

함수

$$f(x) = \begin{cases} 2x + a & (x < 3) \\ \sqrt{x+1} - a & (x \geq 3) \end{cases}$$

이 $x = 3$에서 연속일 때, 상수 a의 값은? [3점]

① -2 ② -1 ③ 0

④ 1 ⑤ 2

02 ▶ 25652-0167
2020학년도 10월 학력평가 나형 13번   상 **중** 하

실수 t에 대하여 직선 $x = t$가 곡선 $y = 3^{2-x} + 8$과 만나는 점을 A, x축과 만나는 점을 B라 하자. 직선 $x = t + 1$이 x축과 만나는 점을 C, 곡선 $y = 3^{x-1}$과 만나는 점을 D라 하자. 사각형 ABCD가 직사각형일 때, 이 사각형의 넓이는? [3점]

① 9 ② 10 ③ 11

④ 12 ⑤ 13

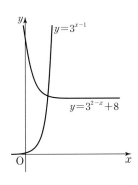

함수

$$f(x)=\begin{cases} -2x+6 & (x<a) \\ 2x-a & (x\geq a) \end{cases}$$

에 대하여 함수 $\{f(x)\}^2$이 실수 전체의 집합에서 연속이 되도록 하는 모든 상수 a의 값의 합은? [3점]

① 2　　　　　② 4　　　　　③ 6

④ 8　　　　　⑤ 10

$\dfrac{3}{2}\pi<\theta<2\pi$인 θ에 대하여 $\sin(-\theta)=\dfrac{1}{3}$일 때, $\tan\theta$의 값은?

[3점]

① $-\dfrac{\sqrt{2}}{2}$　　　② $-\dfrac{\sqrt{2}}{4}$　　　③ $-\dfrac{1}{4}$

④ $\dfrac{1}{4}$　　　⑤ $\dfrac{\sqrt{2}}{4}$

05
▶ 25652-0170
2022학년도 6월 모의평가 5번
상 중 하

다항함수 $f(x)$에 대하여 함수 $g(x)$를

$$g(x)=(x^2+3)f(x)$$

라 하자. $f(1)=2$, $f'(1)=1$일 때, $g'(1)$의 값은? [3점]

① 6   ② 7   ③ 8

④ 9   ⑤ 10

06
▶ 25652-0171
2023학년도 6월 모의평가 5번
상 중 하

모든 항이 양수인 등비수열 $\{a_n\}$에 대하여

$$a_1=\frac{1}{4},\ a_2+a_3=\frac{3}{2}$$

일 때, a_6+a_7의 값은? [3점]

① 16   ② 20   ③ 24

④ 28   ⑤ 32

► 25652-0172

2019학년도 10월 학력평가 나형 6번

상 중 하

$\int_{-3}^{3} (x^3+4x^2)\,dx + \int_{3}^{-3} (x^3+x^2)\,dx$의 값은? [3점]

① 36   ② 42   ③ 48

④ 54   ⑤ 60

08

► 25652-0173

2022학년도 수능 16번

상 중 하

$\log_2 120 - \dfrac{1}{\log_{15} 2}$의 값을 구하시오. [3점]

09 ▸ 25652-0174
2024학년도 9월 모의평가 19번 　상 중 하

두 곡선 $y=3x^3-7x^2$과 $y=-x^2$으로 둘러싸인 부분의 넓이를 구하시오. [3점]

10 ▸ 25652-0175
2021학년도 6월 모의평가 나형 25번 　상 중 하

등비수열 $\{a_n\}$의 첫째항부터 제n항까지의 합을 S_n이라 하자.

$$a_1=1, \ \frac{S_6}{S_3}=2a_4-7$$

일 때, a_7의 값을 구하시오. [3점]

11 ▸ 25652-0176
2022학년도 6월 모의평가 19번 　상 중 하

수직선 위를 움직이는 점 P의 시각 $t \ (t \geq 0)$에서의 속도 $v(t)$가

$$v(t)=3t^2-4t+k$$

이다. 시각 $t=0$에서 점 P의 위치는 0이고, 시각 $t=1$에서 점 P의 위치는 -3이다. 시각 $t=1$에서 $t=3$까지 점 P의 위치의 변화량을 구하시오. (단, k는 상수이다.) [3점]

17회 미니모의고사

01
▶ 25652-0177
2020학년도 10월 학력평가 나형 8번
상 중 하

함수 $y=f(x)$의 그래프가 그림과 같다.

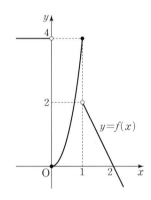

$\lim\limits_{x \to 1+} f(x) - \lim\limits_{x \to 0-} \dfrac{f(x)}{x-1}$의 값은? [3점]

① -6 ② -3 ③ 0

④ 3 ⑤ 6

02
▶ 25652-0178
2021학년도 9월 모의평가 나형 7번
상 중 하

공차가 -3인 등차수열 $\{a_n\}$에 대하여
$$a_3 a_7 = 64,\ a_8 > 0$$
일 때, a_2의 값은? [3점]

① 17 ② 18 ③ 19

④ 20 ⑤ 21

03

▶ 25652-0179

2023학년도 6월 모의평가 3번

상 중 **하**

$\dfrac{\pi}{2}<\theta<\pi$인 θ에 대하여 $\cos^2\theta=\dfrac{4}{9}$일 때, $\sin^2\theta+\cos\theta$의 값은? [3점]

① $-\dfrac{4}{9}$　　　② $-\dfrac{1}{3}$　　　③ $-\dfrac{2}{9}$

④ $-\dfrac{1}{9}$　　　⑤ 0

04

▶ 25652-0180

2025학년도 9월 모의평가 5번

상 중 **하**

함수 $f(x)=(x+1)(x^2+x-5)$에 대하여 $f'(2)$의 값은? [3점]

① 15　　　② 16　　　③ 17

④ 18　　　⑤ 19

05 ▸ 25652-0181
2021학년도 3월 학력평가 4번

상 중 하

$\displaystyle\int_{2}^{-2} (x^3+3x^2)\,dx$의 값은? [3점]

① -16 ② -8 ③ 0

④ 8 ⑤ 16

06 ▸ 25652-0182
2020학년도 3월 학력평가 가형 12번

상 중 하

두 함수

$$f(x)=\begin{cases} \dfrac{1}{x-1} & (x<1) \\[2mm] \dfrac{1}{2x+1} & (x\geq 1) \end{cases},$$

$$g(x)=2x^3+ax+b$$

에 대하여 함수 $f(x)g(x)$가 실수 전체의 집합에서 연속일 때, $b-a$의 값은? (단, a, b는 상수이다.) [3점]

① 10 ② 9 ③ 8

④ 7 ⑤ 6

07
▶ 25652-0183
2019학년도 수능 나형 13번
[상 중 하]

수열 $\{a_n\}$은 $a_1=2$이고, 모든 자연수 n에 대하여

$$a_{n+1}=\begin{cases} \dfrac{a_n}{2-3a_n} & (n \text{이 홀수인 경우}) \\ 1+a_n & (n \text{이 짝수인 경우}) \end{cases}$$

를 만족시킨다. $\sum\limits_{n=1}^{40} a_n$의 값은? [3점]

① 30   ② 35   ③ 40

④ 45   ⑤ 50

08
▶ 25652-0184
2022학년도 10월 학력평가 17번
[상 중 하]

함수 $f(x)=x^3-3x^2+ax+10$이 $x=3$에서 극소일 때, 함수 $f(x)$의 극댓값을 구하시오. (단, a는 상수이다.) [3점]

09
▶ 25652-0185
2020학년도 9월 모의평가 나형 23번

상 중 하

함수 $f(x)$가 $x=2$에서 연속이고

$$\lim_{x \to 2-} f(x) = a+2, \quad \lim_{x \to 2+} f(x) = 3a-2$$

를 만족시킬 때, $a+f(2)$의 값을 구하시오.

(단, a는 상수이다.) [3점]

10
▶ 25652-0186
2021학년도 6월 모의평가 나형 24번

상 중 하

곡선 $y=x^3-6x^2+6$ 위의 점 $(1, 1)$에서의 접선이 점 $(0, a)$를 지날 때, a의 값을 구하시오. [3점]

11
▶ 25652-0187
2021학년도 3월 학력평가 17번

상 중 하

모든 실수 x에 대하여 이차부등식

$$3x^2 - 2(\log_2 n)x + \log_2 n > 0$$

이 성립하도록 하는 자연수 n의 개수를 구하시오. [3점]

18회 미니모의고사

01 ▶ 25652-0188
2024학년도 수능 4번 | 상 중 하

함수

$$f(x) = \begin{cases} 3x - a & (x < 2) \\ x^2 + a & (x \geq 2) \end{cases}$$

가 실수 전체의 집합에서 연속일 때, 상수 a의 값은? [3점]

① 1   ② 2   ③ 3

④ 4   ⑤ 5

02 ▶ 25652-0189
2021학년도 10월 학력평가 8번 | 상 중 하

2보다 큰 상수 k에 대하여 두 곡선 $y = |\log_2(-x+k)|$, $y = |\log_2 x|$가 만나는 세 점 P, Q, R의 x좌표를 각각 x_1, x_2, x_3이라 하자. $x_3 - x_1 = 2\sqrt{3}$일 때, $x_1 + x_3$의 값은?

(단, $x_1 < x_2 < x_3$) [3점]

① $\dfrac{7}{2}$ ② $\dfrac{15}{4}$ ③ 4

④ $\dfrac{17}{4}$ ⑤ $\dfrac{9}{2}$

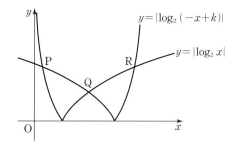

두 실수 a, b가

$$3a+2b=\log_3 32, \quad ab=\log_9 2$$

를 만족시킬 때, $\dfrac{1}{3a}+\dfrac{1}{2b}$의 값은? [3점]

① $\dfrac{1}{12}$ ② $\dfrac{5}{6}$ ③ $\dfrac{5}{4}$

④ $\dfrac{5}{3}$ ⑤ $\dfrac{25}{12}$

함수 $f(x)=4\cos x+3$의 최댓값은? [3점]

① 6 ② 7 ③ 8

④ 9 ⑤ 10

05 ▶ 25652-0192
2020학년도 3월 학력평가 나형 12번   상 중 하

두 함수 $y=f(x)$, $y=g(x)$의 그래프가 그림과 같다.

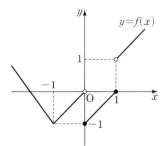 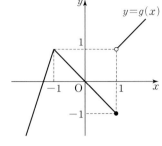

보기에서 옳은 것만을 있는 대로 고른 것은? [3점]

> ┌ 보기 ┌
> ㄱ. $\lim_{x \to 1-} f(x)g(x) = -1$
> ㄴ. $f(1)g(1) = 0$
> ㄷ. 함수 $f(x)g(x)$는 $x=1$에서 불연속이다.

① ㄱ   ② ㄴ   ③ ㄷ

④ ㄱ, ㄴ   ⑤ ㄴ, ㄷ

06 ▶ 25652-0193
2023학년도 수능 3번   상 중 하

공비가 양수인 등비수열 $\{a_n\}$이

$$a_2 + a_4 = 30, \quad a_4 + a_6 = \frac{15}{2}$$

를 만족시킬 때, a_1의 값은? [3점]

① 48   ② 56   ③ 64

④ 72   ⑤ 80

07
▶ 25652-0194
2022학년도 9월 모의평가 7번

상 중 하

수열 $\{a_n\}$은 $a_1 = -4$이고, 모든 자연수 n에 대하여

$$\sum_{k=1}^{n} \frac{a_{k+1} - a_k}{a_k a_{k+1}} = \frac{1}{n}$$

을 만족시킨다. a_{13}의 값은? [3점]

① -9 ② -7 ③ -5

④ -3 ⑤ -1

08
▶ 25652-0195
2025학년도 6월 모의평가 17번

상 중 하

함수 $f(x)$에 대하여 $f'(x) = 6x^2 + 2$이고 $f(0) = 3$일 때, $f(2)$의 값을 구하시오. [3점]

09
▸ 25652-0196
2022학년도 3월 학력평가 17번
상 중 하

$\int_{-3}^{2}(2x^3+6|x|)\,dx-\int_{-3}^{-2}(2x^3-6x)\,dx$의 값을 구하시오.

[3점]

11
▸ 25652-0198
2025학년도 6월 모의평가 19번
상 중 하

시각 $t=0$일 때 원점을 출발하여 수직선 위를 움직이는 점 P의 시각 t $(t\ge0)$에서의 속도 $v(t)$가

$$v(t)=\begin{cases}-t^2+t+2 & (0\le t\le3)\\k(t-3)-4 & (t>3)\end{cases}$$

이다. 출발한 후 점 P의 운동 방향이 두 번째로 바뀌는 시각에서의 점 P의 위치가 1일 때, 양수 k의 값을 구하시오. [3점]

10
▸ 25652-0197
2021학년도 6월 모의평가 가형 23번
상 중 하

반지름의 길이가 15인 원에 내접하는 삼각형 ABC에서 $\sin B=\dfrac{7}{10}$일 때, 선분 AC의 길이를 구하시오. [3점]

01 ▶ 25652-0199
2020학년도 수능 나형 8번   상 중 하

함수 $y=f(x)$의 그래프가 그림과 같다.

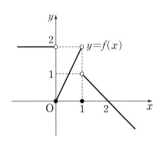

$\lim_{x \to 0+} f(x) - \lim_{x \to 1-} f(x)$의 값은? [3점]

① -2 ② -1 ③ 0

④ 1 ⑤ 2

02 ▶ 25652-0200
2024학년도 9월 모의평가 6번   상 중 하

함수 $f(x)=x^3+ax^2+bx+1$은 $x=-1$에서 극대이고, $x=3$에서 극소이다. 함수 $f(x)$의 극댓값은?

(단, a, b는 상수이다.) [3점]

① 0 ② 3 ③ 6

④ 9 ⑤ 12

03 ▸ 25652-0201
2021학년도 수능 가형 13번   상 중 하

$\dfrac{1}{4} < a < 1$인 실수 a에 대하여 직선 $y=1$이 두 곡선 $y=\log_a x$, $y=\log_{4a} x$와 만나는 점을 각각 A, B라 하고, 직선 $y=-1$이 두 곡선 $y=\log_a x$, $y=\log_{4a} x$와 만나는 점을 각각 C, D라 하자. **보기**에서 옳은 것만을 있는 대로 고른 것은? [3점]

┌─ 보기 ─────────────────────────────┐
ㄱ. 선분 AB를 1 : 4로 외분하는 점의 좌표는 $(0, 1)$이다.

ㄴ. 사각형 ABCD가 직사각형이면 $a=\dfrac{1}{2}$이다.

ㄷ. $\overline{AB} < \overline{CD}$이면 $\dfrac{1}{2} < a < 1$이다.
└──────────────────────────────────┘

① ㄱ   ② ㄷ   ③ ㄱ, ㄴ

④ ㄴ, ㄷ   ⑤ ㄱ, ㄴ, ㄷ

04 ▸ 25652-0202
2021학년도 9월 모의평가 나형 10번   상 중 하

함수

$$f(x) = \begin{cases} x^3 + ax + b & (x < 1) \\ bx + 4 & (x \geq 1) \end{cases}$$

이 실수 전체의 집합에서 미분가능할 때, $a+b$의 값은? (단, a, b는 상수이다.) [3점]

① 6   ② 7   ③ 8

④ 9   ⑤ 10

두 함수

$$f(x)=x^2-4x, \quad g(x)=\begin{cases} -x^2+2x & (x<2) \\ -x^2+6x-8 & (x\geq2) \end{cases}$$

의 그래프로 둘러싸인 부분의 넓이는? [3점]

① $\dfrac{40}{3}$ 　　② 14 　　③ $\dfrac{44}{3}$

④ $\dfrac{46}{3}$ 　　⑤ 16

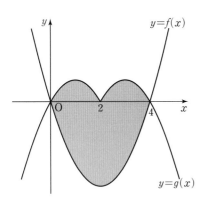

첫째항이 1인 수열 $\{a_n\}$이 모든 자연수 n에 대하여

$$a_{n+1}=\begin{cases} 2a_n & (a_n<7) \\ a_n-7 & (a_n\geq7) \end{cases}$$

일 때, $\displaystyle\sum_{k=1}^{8} a_k$의 값은? [3점]

① 30 　　② 32 　　③ 34

④ 36 　　⑤ 38

07 ▶ 25652-0205
2025학년도 6월 모의평가 16번 상 중 하

방정식 $\log_2(x+1)-5=\log_{\frac{1}{2}}(x-3)$을 만족시키는 실수 x의 값을 구하시오. [3점]

08 ▶ 25652-0206
2023학년도 10월 학력평가 17번 상 중 하

삼차함수 $f(x)$에 대하여 함수 $g(x)$를
$$g(x)=(x+2)f(x)$$
라 하자. 곡선 $y=f(x)$ 위의 점 $(3, 2)$에서의 접선의 기울기가 4일 때, $g'(3)$의 값을 구하시오. [3점]

09 ▸ 25652-0207
2023학년도 9월 모의평가 19번

상 중 하

방정식 $3x^4 - 4x^3 - 12x^2 + k = 0$이 서로 다른 4개의 실근을 갖도록 하는 자연수 k의 개수를 구하시오. [3점]

11 ▸ 25652-0209
2022학년도 10월 학력평가 19번

상 중 하

수직선 위를 움직이는 점 P의 시각 t $(t \geq 0)$에서의 속도 $v(t)$가

$$v(t) = 4t^3 - 48t$$

이다. 시각 $t = k$ $(k > 0)$에서 점 P의 가속도가 0일 때, 시각 $t = 0$에서 $t = k$까지 점 P가 움직인 거리를 구하시오.

(단, k는 상수이다.) [3점]

10 ▸ 25652-0208
2025학년도 9월 모의평가 18번

상 중 하

수열 $\{a_n\}$에 대하여

$$\sum_{k=1}^{10} ka_k = 36, \ \sum_{k=1}^{9} ka_{k+1} = 7$$

일 때, $\sum_{k=1}^{10} a_k$의 값을 구하시오. [3점]

20회 미니모의고사

01
▶ 25652-0210
2021학년도 10월 학력평가 3번   상 중 하

함수 $y=\tan\left(\pi x+\dfrac{\pi}{2}\right)$의 주기는? [3점]

① $\dfrac{1}{2}$ ② $\dfrac{\pi}{4}$ ③ 1

④ $\dfrac{3}{2}$ ⑤ $\dfrac{\pi}{2}$

02
▶ 25652-0211
2019학년도 3월 학력평가 가형 10번   상 중 하

부등식

$$\log_2(x^2-1)+\log_2 3 \le 5$$

를 만족시키는 정수 x의 개수는? [3점]

① 1 ② 2 ③ 3

④ 4 ⑤ 5

► 25652-0212
2020학년도 3월 학력평가 가형 8번

상 중 하

함수 $y=f(x)$의 그래프가 그림과 같다.

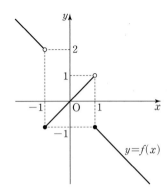

$\lim\limits_{x \to 0+} f(x-1) + \lim\limits_{x \to 1+} f(f(x))$의 값은? [3점]

① -2 ② -1 ③ 0

④ 1 ⑤ 2

► 25652-0213
2025학년도 6월 모의평가 8번

상 중 하

$a_1 a_2 < 0$인 등비수열 $\{a_n\}$에 대하여

$$a_6 = 16, \quad 2a_8 - 3a_7 = 32$$

일 때, $a_9 + a_{11}$의 값은? [3점]

① $-\dfrac{5}{2}$ ② $-\dfrac{3}{2}$ ③ $-\dfrac{1}{2}$

④ $\dfrac{1}{2}$ ⑤ $\dfrac{3}{2}$

05
▶ 25652-0214
2021학년도 10월 학력평가 7번
[상 중 하]

두 함수 $f(x)=|x+3|$, $g(x)=2x+a$에 대하여 함수 $f(x)g(x)$가 실수 전체의 집합에서 미분가능할 때, 상수 a의 값은? [3점]

① 2   ② 4   ③ 6

④ 8   ⑤ 10

06
▶ 25652-0215
2023학년도 6월 모의평가 8번
[상 중 하]

실수 전체의 집합에서 미분가능하고 다음 조건을 만족시키는 모든 함수 $f(x)$에 대하여 $f(5)$의 최솟값은? [3점]

> (가) $f(1)=3$
> (나) $1<x<5$인 모든 실수 x에 대하여 $f'(x)\geq5$이다.

① 21   ② 22   ③ 23

④ 24   ⑤ 25

공비가 양수인 등비수열 $\{a_n\}$에 대하여

$$a_1=2, \frac{a_5}{a_3}=9$$

일 때, $\sum_{k=1}^{4} a_k$의 값을 구하시오. [3점]

그림과 같이 3 이상의 자연수 n에 대하여 두 곡선 $y=n^x$, $y=2^x$이 직선 $x=1$과 만나는 점을 각각 A, B라 하고, 두 곡선 $y=n^x$, $y=2^x$이 직선 $x=2$와 만나는 점을 각각 C, D라 하자. 사다리꼴 ABDC의 넓이가 18 이하가 되도록 하는 모든 자연수 n의 값의 합을 구하시오. [3점]

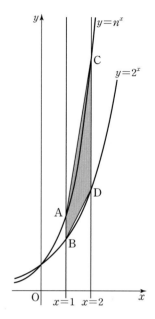

09 ▶ 25652-0218
2020학년도 6월 모의평가 나형 25번 상 중 하

수직선 위를 움직이는 점 P의 시각 t $(t>0)$에서의 위치 x가

$$x=t^3-5t^2+6t$$

이다. $t=3$에서 점 P의 가속도를 구하시오. [3점]

10 ▶ 25652-0219
2021학년도 3월 학력평가 18번 상 중 하

실수 전체의 집합에서 미분가능한 함수 $F(x)$의 도함수 $f(x)$가

$$f(x)=\begin{cases} -2x & (x<0) \\ k(2x-x^2) & (x\geq 0) \end{cases}$$

이다. $F(2)-F(-3)=21$일 때, 상수 k의 값을 구하시오.

[3점]

11 ▶ 25652-0220
2024학년도 6월 모의평가 19번 상 중 하

두 자연수 a, b에 대하여 함수

$$f(x)=a \sin bx+8-a$$

가 다음 조건을 만족시킬 때, $a+b$의 값을 구하시오. [3점]

(가) 모든 실수 x에 대하여 $f(x)\geq 0$이다.
(나) $0\leq x<2\pi$일 때, x에 대한 방정식 $f(x)=0$의 서로 다른 실근의 개수는 4이다.

EBS

내신과
학력평가를
모—두
책임지는

하루 6개 1등급 영어독해

매일매일 밥 먹듯이,
EBS랑 영어 1등급 완성하자!

✓ 규칙적인 일일 학습으로
영어 1등급 수준 미리 성취

✓ 최신 기출문제 + 실전 같은
문제 풀이 연습으로
내신과 학력평가 등급 UP!

✓ 대학별 최저 등급 기준 충족을 위한
변별력 높은 문항 집중 학습

하루 6개 1등급 영어독해
전국연합학력평가 기출
고1

수능 영어 절대평가 1등급 완성 전략!

하루 6개 1등급 영어독해
전국연합학력평가 기출
고2

수능 영어 절대평가 1등급 5주 완성 전략!

2026학년도 수능 대비

수능 기출의 미래

미니모의고사

엄선된 기출문제로 만나는 고효율 실전 훈련

'한눈에 보는 정답'
&정답과 풀이 바로가기

정답과 풀이

수학영역

공통(수학Ⅰ·수학Ⅱ) 3점

2026학년도 수능 대비

수능
기출의
미래

미니모의고사

수학영역 ｜ 공통(수학Ⅰ·수학Ⅱ) 3점

정답과 풀이

정답과 풀이

1 ①	2 ①	3 ④	4 ④	5 ⑤
6 ④	7 ④	8 4	9 10	10 8
11 12				

01
정답률 77.8%

두 수 $\log_2 a$, $\log_a 8$의 합이 4이므로

$\log_2 a + \log_a 8 = 4$에서

$\log_2 a + 3\log_a 2 = 4$

$\log_2 a + \dfrac{3}{\log_2 a} = 4$ …… ㉠

$\log_2 a = X$라 하면 $a > 2$이므로 $X > 1$

㉠에서

$X + \dfrac{3}{X} = 4$, $X^2 - 4X + 3 = 0$

$(X-1)(X-3) = 0$

$X > 1$이므로 $X = 3$

즉, $\log_2 a = 3$에서 $a = 2^3 = 8$

한편, 두 수 $\log_2 a$, $\log_a 8$의 곱이 k이므로

$k = \log_2 a \times \log_a 8 = \log_2 a \times 3\log_a 2$

$\qquad = \log_2 a \times \dfrac{3}{\log_2 a} = 3$

따라서 $a + k = 8 + 3 = 11$

답 ①

02
정답률 76%

주어진 함수 $y = f(x)$의 그래프에서

$\lim\limits_{x \to -2+} f(x) = -2$, $\lim\limits_{x \to 1-} f(x) = 0$이므로

$\lim\limits_{x \to -2+} f(x) + \lim\limits_{x \to 1-} f(x) = -2 + 0 = -2$

답 ①

03
정답률 69.5%

삼각형 ABC의 외접원의 반지름의 길이가 7이므로 사인법칙에 의하여

$\dfrac{\overline{BC}}{\sin \dfrac{\pi}{3}} = 2 \times 7$

$\overline{BC} = 7\sqrt{3}$ …… ㉠

한편, $\overline{AB} : \overline{AC} = 3 : 1$이므로

$\overline{AC} = k$ $(k > 0)$이라 하면 $\overline{AB} = 3k$

이때 삼각형 ABC에서 코사인법칙에 의하여

$\overline{BC} = \sqrt{\overline{AB}^2 + \overline{AC}^2 - 2\overline{AB} \times \overline{AC} \times \cos\dfrac{\pi}{3}}$

$\qquad = \sqrt{9k^2 + k^2 - 2 \times 3k \times k \times \dfrac{1}{2}}$

$\qquad = \sqrt{7k^2} = \sqrt{7}k$ …… ㉡

㉠, ㉡에서 $7\sqrt{3} = \sqrt{7}k$, $k = \sqrt{21}$

따라서 $\overline{AC} = k = \sqrt{21}$

답 ④

04
정답률 69.7%

시각 t에서의 속도를 v라 하면

$x = t^3 + kt^2 + kt$에서 $v = 3t^2 + 2kt + k$

시각 $t = 1$에서 점 P가 운동 방향을 바꾸므로

$t = 1$에서 $v = 0$

그러므로 $3 + 2k + k = 0$에서 $k = -1$

시각 t에서의 가속도를 a라 하면

$a = 6t + 2k = 6t - 2$

따라서 시각 $t = 2$에서 점 P의 가속도는

$6 \times 2 - 2 = 10$

답 ④

05
정답률 86%

등차수열 $\{a_n\}$의 공차를 d라 하면

$a_2 = a_1 + d = 6$ …… ㉠

$a_4 + a_6 = 36$에서

$(a_1 + 3d) + (a_1 + 5d) = 36$

$2a_1 + 8d = 36$

$a_1 + 4d = 18$ …… ㉡

㉠, ㉡에서 $a_1 = 2$, $d = 4$

따라서 $a_{10} = 2 + 9 \times 4 = 38$

답 ⑤

06
정답률 72.7%

곡선 $y = 3x^2 - x$와 직선 $y = 5x$의 교점의 x좌표는

$3x^2 - x = 5x$에서

$3x^2 - 6x = 0$, $3x(x-2) = 0$

$x = 0$ 또는 $x = 2$

구간 $[0, 2]$에서 직선 $y = 5x$가 곡선 $y = 3x^2 - x$보다 위쪽에 있거나 만나므로 구하는 넓이는

$\displaystyle\int_0^2 \{5x - (3x^2 - x)\}\,dx = \int_0^2 (6x - 3x^2)\,dx = \Big[3x^2 - x^3\Big]_0^2$

$\qquad\qquad = (12 - 8) - 0 = 4$

답 ④

07   정답률 69.4%

방정식 $f(x)=0$의 실근은 0, m, n이고 m, n은 자연수이므로 사잇값의 정리에 의하여

$f(1)f(3)<0$에서 $f(2)=0$

$f(3)f(5)<0$에서 $f(4)=0$

$f(x)=x(x-2)(x-4)$이므로 $f(6)=6\times4\times2=48$

답 ④

08   정답률 78%

$$\log_2 96-\frac{1}{\log_6 2}=\log_2 96-\log_2 6$$
$$=\log_2 \frac{96}{6}=\log_2 16$$
$$=\log_2 2^4=4$$

답 4

09   정답률 72.7%

진수 조건에서

$3x+2>0$, $x-2>0$

즉, $x>2$

$\log_2 (3x+2)=2+\log_2 (x-2)$에서

$\log_2 (3x+2)=\log_2 2^2+\log_2 (x-2)$

$\log_2 (3x+2)=\log_2 \{4(x-2)\}$

이므로

$3x+2=4(x-2)$

$3x+2=4x-8$

따라서 $x=10$

답 10

10   정답률 82.8%

$f(x)=(x+1)(x^2+3)$이므로

$f'(x)=(x^2+3)+(x+1)\times2x$

따라서

$f'(1)=(1+3)+2\times2=8$

답 8

11   정답률 78.1%

$$f(x)=\int f'(x)dx=\int (3x^2+4x+5)dx$$
$$=x^3+2x^2+5x+C \ (단, C는 적분상수)$$

이때 $f(0)=4$이므로 $f(0)=C=4$

따라서 $f(x)=x^3+2x^2+5x+4$이므로

$f(1)=1+2+5+4=12$

답 12

[02회]   본문 9~13쪽

1 ①	2 ①	3 ②	4 ③	5 ⑤
6 ②	7 ③	8 7	9 33	10 105
11 48				

01   정답률 84.5%

$$\lim_{x\to2}\frac{3x^2-6x}{x-2}=\lim_{x\to2}\frac{3x(x-2)}{x-2}=\lim_{x\to2}3x$$
$$=3\times2=6$$

답 ①

02   정답률 80.3%

$a>1$, $b>1$, $c>1$이므로

$\log_a b>0$, $\log_b c>0$, $\log_c a>0$

양수 t에 대하여

$$\log_a b=\frac{\log_b c}{2}=\frac{\log_c a}{4}=t로 놓으면$$

$\log_a b=t$, $\log_b c=2t$, $\log_c a=4t$

이때 $\log_a b\times\log_b c\times\log_c a=1$이므로

$t\times2t\times4t=1$에서 $t^3=\dfrac{1}{8}$, $t=\dfrac{1}{2}$

따라서

$$\log_a b+\log_b c+\log_c a=t+2t+4t=7t$$
$$=7\times\frac{1}{2}=\frac{7}{2}$$

답 ①

03   정답률 84.5%

$x\longrightarrow0-$일 때, $f(x)\longrightarrow-2$이고,

$x\longrightarrow1+$일 때, $f(x)\longrightarrow1$이므로

$$\lim_{x\to0-}f(x)+\lim_{x\to1+}f(x)=(-2)+1=-1$$

답 ②

04   정답률 63.8%

$0\le x\le\dfrac{2}{a}\pi$에서 $0\le ax\le2\pi$

이때 $2\cos ax=1$에서 $\cos ax=\dfrac{1}{2}$이므로

$ax=\dfrac{1}{3}\pi$ 또는 $ax=\dfrac{5}{3}\pi$, 즉 $x=\dfrac{1}{3a}\pi$ 또는 $x=\dfrac{5}{3a}\pi$

두 점 A, B의 좌표가 각각 $\left(\dfrac{1}{3a}\pi,\ 1\right)$, $\left(\dfrac{5}{3a}\pi,\ 1\right)$이고

$\overline{\mathrm{AB}}=\dfrac{8}{3}$이므로

$\dfrac{5}{3a}\pi-\dfrac{1}{3a}\pi=\dfrac{4}{3a}\pi=\dfrac{8}{3}$

따라서 $a=\dfrac{4}{3}\pi\times\dfrac{3}{8}=\dfrac{\pi}{2}$

답 ③

05
정답률 69.5%

등비수열 $\{a_n\}$의 공비를 r이라 하면

$a_2a_4=36$에서 $a_1=2$이므로

$2r\times 2r^3=36$

즉, $r^4=9$

따라서

$\dfrac{a_7}{a_3}=\dfrac{a_1r^6}{a_1r^2}=r^4=9$

답 ⑤

06
정답률 63.9%

$\displaystyle\sum_{k=1}^{n}(a_k-a_{k+1})=(a_1-a_2)+(a_2-a_3)+\cdots+(a_n-a_{n+1})$

$\qquad\qquad\qquad\quad =a_1-a_{n+1}=-n^2+n$

이고 $a_1=1$이므로

$1-a_{n+1}=-n^2+n$

$a_{n+1}=n^2-n+1$

따라서 $a_{11}=10^2-10+1=91$

답 ②

07
정답률 65.5%

$\dfrac{f(a+1)-f(a)}{(a+1)-a}=\{2(a+1)^2-3(a+1)+5\}-(2a^2-3a+5)$

$\qquad\qquad\qquad\quad =4a-1=7$

에서 $a=2$

$\displaystyle\lim_{h\to 0}\dfrac{f(a+2h)-f(a)}{h}=2\lim_{h\to 0}\dfrac{f(a+2h)-f(a)}{2h}$

$\qquad\qquad\qquad\qquad =2f'(a)=2f'(2)$

따라서 $f'(x)=4x-3$이므로

$2f'(2)=2\times 5=10$

답 ③

08
정답률 72.6%

진수 조건에서 $x-4>0$이고 $x+2>0$이어야 하므로

$x>4$ $\quad\cdots\cdots$ ㉠

$\log_3(x-4)=\log_{3^2}(x-4)^2=\log_9(x-4)^2$

이므로 주어진 방정식은 $\log_9(x-4)^2=\log_9(x+2)$에서

$(x-4)^2=x+2$

$x^2-9x+14=0$

$(x-2)(x-7)=0$

따라서 $x=2$ 또는 $x=7$

㉠에서 구하는 실수 x의 값은 7이다.

답 7

09
정답률 78%

$f(x)=\displaystyle\int f'(x)\,dx=\int(8x^3-1)\,dx$

$\qquad =2x^4-x+C$ (단, C는 적분상수)

이때 $f(0)=3$이므로 $f(0)=C=3$

따라서 $f(x)=2x^4-x+3$이므로

$f(2)=32-2+3=33$

답 33

10
정답률 38.1%

$\displaystyle\sum_{k=1}^{5}2^{k-1}=\dfrac{2^5-1}{2-1}=31$

$\displaystyle\sum_{k=1}^{n}(2k-1)=2\times\dfrac{n(n+1)}{2}-n=n^2$

$\displaystyle\sum_{k=1}^{5}(2\times 3^{k-1})=\dfrac{2\times(3^5-1)}{3-1}=242$

이므로 주어진 부등식에서 $31<n^2<242$이다.

따라서 부등식을 만족시키는 자연수 n의 값은 $6,\ 7,\ 8,\ \cdots,\ 15$이고

그 합은

$\dfrac{10\times(6+15)}{2}=105$

답 105

11
정답률 60.7%

$\sin\left(\dfrac{\pi}{2}+\theta\right)\tan(\pi-\theta)=\cos\theta\times(-\tan\theta)=-\sin\theta$

$-\sin\theta=\dfrac{3}{5}$, 즉 $\sin\theta=-\dfrac{3}{5}$이므로

$30(1-\sin\theta)=30\times\dfrac{8}{5}=48$

답 48

[03]회   본문 14~18쪽

1 ③	2 ②	3 ②	4 ④	5 ④
6 ②	7 ②	8 ②	9 2	10 24
11 18				

01   정답률 66.9%

닫힌구간 $[-1, 3]$에서 함수 $f(x)=2^{|x|}$의 그래프는 다음 그림과 같다.

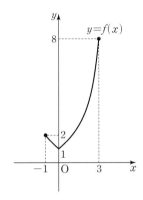

즉, 함수 $f(x)$는 $x=3$일 때 최댓값 8을 갖고, $x=0$일 때 최솟값 1을 갖는다.

따라서 구하는 최댓값과 최솟값의 합은 $8+1=9$

답 ③

02   정답률 83.1%

$$\lim_{x \to -1} \frac{x^2+9x+8}{x+1} = \lim_{x \to -1} \frac{(x+1)(x+8)}{x+1} = \lim_{x \to -1} (x+8)$$
$$= -1+8=7$$

답 ②

03   정답률 77.2%

$$\frac{1}{1-\cos\theta} + \frac{1}{1+\cos\theta} = \frac{2}{1-\cos^2\theta} = \frac{2}{\sin^2\theta} = 18$$

즉, $\sin^2\theta = \frac{1}{9}$이고 $\pi < \theta < \frac{3}{2}\pi$에서 $\sin\theta < 0$이므로

$$\sin\theta = -\frac{1}{3}$$

답 ②

04   정답률 85.9%

$f'(x)=3x(x-2)=3x^2-6x$이므로

$$f(x)=\int (3x^2-6x)\,dx$$
$$=x^3-3x^2+C \text{ (단, } C\text{는 적분상수)}$$

$f(1)=6$이므로

$f(1)=1-3+C=6$에서 $C=8$

따라서 $f(2)=8-12+8=4$

답 ④

05   정답률 77.4%

$a_{n+1}+a_n=(-1)^{n+1}\times n$에서 $a_{n+1}=-a_n+(-1)^{n+1}\times n$

이때 $a_1=12$이므로

$a_2=-a_1+1=-11$

$a_3=-a_2-2=9$

$a_4=-a_3+3=-6$

$a_5=-a_4-4=2$

$a_6=-a_5+5=3$

$a_7=-a_6-6=-9$

$a_8=-a_7+7=16$

따라서 $a_k>a_1$을 만족시키는 k의 최솟값은 8이다.

답 ④

06   정답률 64.7%

$y=x^3-x+2$에서

$y'=3x^2-1$

이때 곡선 $y=x^3-x+2$ 위의 점 (t, t^3-t+2)에서의 접선의 방정식은

$y-(t^3-t+2)=(3t^2-1)(x-t)$

이 직선이 점 $(0, 4)$를 지나므로

$4-(t^3-t+2)=(3t^2-1)(0-t)$

위 식을 정리하면 $t^3=-1$이므로 $t=-1$

따라서 점 $(0, 4)$에서 곡선 $y=x^3-x+2$에 그은 접선의 방정식은

$y-2=2(x+1)$, 즉 $y=2x+4$

이므로 직선 $y=2x+4$의 x절편은 -2이다.

답 ②

07   정답률 70%

$$\int_1^x f(t)\,dt = x^3-ax+1 \qquad \cdots\cdots \ominus$$

$\ominus$의 양변에 $x=1$을 대입하면

$0=1-a+1$, $a=2$

$\ominus$의 양변을 x에 대하여 미분하면

$f(x)=3x^2-a=3x^2-2$

따라서 $f(2)=12-2=10$

답 ②

08

$\cos\theta=\dfrac{\sqrt{6}}{3}$ 이고 $\dfrac{3}{2}\pi<\theta<2\pi$ 이므로

$\sin\theta=-\sqrt{1-\cos^2\theta}=-\sqrt{1-\left(\dfrac{\sqrt{6}}{3}\right)^2}=-\dfrac{\sqrt{3}}{3}$

따라서 $\tan\theta=\dfrac{\sin\theta}{\cos\theta}=\dfrac{-\dfrac{\sqrt{3}}{3}}{\dfrac{\sqrt{6}}{3}}=-\dfrac{\sqrt{2}}{2}$

답 ②

09

$\log_2 100-2\log_2 5=\log_2 100-\log_2 5^2=\log_2\dfrac{100}{25}$
$=\log_2 4=\log_2 2^2=2$

답 2

10

$\sum\limits_{k=1}^{10}(a_k-b_k)=\sum\limits_{k=1}^{10}\{(2a_k-b_k)-a_k\}$
$=\sum\limits_{k=1}^{10}(2a_k-b_k)-\sum\limits_{k=1}^{10}a_k$
$=34-10=24$

답 24

11

시각 t에서 두 점 P, Q의 위치를 각각 $x_1(t)$, $x_2(t)$라 하면

$x_1(t)=\displaystyle\int_0^t v_1(t)\,dt=\int_0^t(3t^2-15t+k)\,dt$
$=t^3-\dfrac{15}{2}t^2+kt$

$x_2(t)=\displaystyle\int_0^t v_2(t)=\int_0^t(-3t^2+9t)\,dt$
$=-t^3+\dfrac{9}{2}t^2$

두 점 P, Q가 출발한 후 한 번만 만나므로 $t>0$에서 방정식 $x_1(t)=x_2(t)$의 서로 다른 실근의 개수는 1이다.

방정식 $x_1(t)-x_2(t)=0$에서

$t^3-\dfrac{15}{2}t^2+kt-\left(-t^3+\dfrac{9}{2}t^2\right)=0$

$2t^3-12t^2+kt=0$

$t(2t^2-12t+k)=0$

이때 $k>0$, $t>0$이므로 이차방정식 $2t^2-12t+k=0$은 중근을 가져야 한다.

따라서 이차방정식 $2t^2-12t+k=0$의 판별식을 D라 하면 $D=0$이어야 한다. 즉,

$D=(-12)^2-4\times 2\times k=0$, $k=18$

답 18

---

1 ②	2 ④	3 ②	4 ②	5 ④
6 ⑤	7 ①	8 3	9 5	10 13
11 10				

01

$\lim\limits_{x\to 0-}f(x)=-2$, $\lim\limits_{x\to 1+}f(x)=1$ 이므로

$\lim\limits_{x\to 0-}f(x)+\lim\limits_{x\to 1+}f(x)$
$=-2+1$
$=-1$

답 ②

02

함수 $f(x)=2\log_{\frac{1}{2}}(x+k)$의 밑은 1보다 작으므로 함수 $f(x)$는 $x=0$에서 최댓값 -4, $x=12$에서 최솟값 m을 갖는다.

(ⅰ) $x=0$에서 최댓값 -4를 가질 때
$f(0)=2\log_{\frac{1}{2}}k=-2\log_2 k=-4$
$\log_2 k=2$
따라서 $k=2^2=4$

(ⅱ) $x=12$에서 최솟값 m을 가질 때
$m=f(12)=2\log_{\frac{1}{2}}(12+4)$
$=2\log_{\frac{1}{2}}16=-2\log_2 2^4$
$=-2\times 4=-8$

(ⅰ), (ⅱ)에 의하여
$k+m=4+(-8)=-4$

답 ④

03

함수 $f(x)$가 실수 전체의 집합에서 연속이므로 $x=1$에서도 연속이다.

즉, $\lim\limits_{x\to 1}f(x)=f(1)$이므로

$\lim\limits_{x\to 1}f(x)=4-f(1)$에서

$f(1)=4-f(1)$, $2f(1)=4$, $f(1)=2$

답 ②

04

$\sin(\pi-\theta)=\sin\theta$이므로

$\sin\theta=\dfrac{5}{13}$

이때

$$\cos^2 \theta = 1 - \sin^2 \theta = 1 - \left(\frac{5}{13}\right)^2 = 1 - \frac{25}{169}$$

$$= \frac{144}{169} = \left(\frac{12}{13}\right)^2$$

이고, 주어진 조건에 의하여 $\cos \theta < 0$이므로

$$\cos \theta = -\frac{12}{13}$$

따라서

$$\tan \theta = \frac{\sin \theta}{\cos \theta} = \frac{\frac{5}{13}}{-\frac{12}{13}} = -\frac{5}{12}$$

답 ②

05
정답률 74%

$f(x) = x^3 - 3x^2 - 9x$라고 하면

$f'(x) = 3x^2 - 6x - 9$

$\quad = 3(x+1)(x-3)$

$f'(x) = 0$에서

$x = -1$ 또는 $x = 3$

함수 $f(x)$의 증가와 감소를 표로 나타내면 다음과 같다.

x	$\cdots$	-1	$\cdots$	3	$\cdots$
$f'(x)$	$+$	0	$-$	0	$+$
$f(x)$	↗	5	↘	-27	↗

함수 $y = f(x)$의 그래프는 다음 그림과 같다.

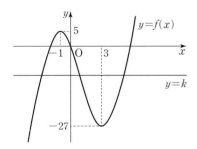

직선 $y = k$는 x축에 평행하므로 함수 $y = f(x)$의 그래프와 서로 다른 세 점에서 만나기 위한 k의 값의 범위는

$-27 < k < 5$

따라서 정수 k의 최댓값 $M = 4$, 최솟값 $m = -26$이므로

$M - m = 4 - (-26) = 30$

답 ④

06
정답률 73.7%

등비수열 $\{a_n\}$의 공비를 r $(r > 1)$이라 하면

$S_4 = \dfrac{a_1(r^4 - 1)}{r-1}$, $S_2 = \dfrac{a_1(r^2 - 1)}{r-1}$이므로

$$\frac{S_4}{S_2} = \frac{r^4 - 1}{r^2 - 1} = r^2 + 1 = 5, \ r^2 = 4$$

$r > 1$이므로 $r = 2$

$a_5 = a_1 \times r^4 = a_1 \times 16 = 48$이므로 $a_1 = 3$

$a_4 = a_1 \times r^3 = 3 \times 8 = 24$

따라서 $a_1 + a_4 = 3 + 24 = 27$

답 ⑤

07
정답률 59.8%

$x^2 - 5x = x$에서 $x(x - 6) = 0$

따라서 $x = 0$ 또는 $x = 6$

곡선 $y = x^2 - 5x$와 직선 $y = x$가 만나는 점은 원점과 점 $(6, 6)$이다.

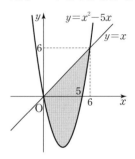

곡선 $y = x^2 - 5x$와 직선 $y = x$로 둘러싸인 부분의 넓이는

$$\int_0^6 \{x - (x^2 - 5x)\}dx = \int_0^6 (6x - x^2)dx$$

$$= \left[3x^2 - \frac{1}{3}x^3\right]_0^6 = 36$$

따라서 직선 $x = k$가 넓이를 이등분하므로

$$18 = \int_0^k \{x - (x^2 - 5x)\}dx$$

$$= \int_0^k (6x - x^2)dx$$

$$= \left[3x^2 - \frac{1}{3}x^3\right]_0^k = 3k^2 - \frac{1}{3}k^3$$

$k^3 - 9k^2 + 54 = 0$

$(k - 3)(k^2 - 6k - 18) = 0$

이때 $0 < k < 6$이므로

$k = 3$

답 ①

08
정답률 76%

$\left(\dfrac{1}{4}\right)^x = (2^{-2})^x = 2^{-2x}$이므로 주어진 부등식은

$2^{x-6} \leq 2^{-2x}$

이고, 이때 양변의 밑 2가 1보다 크므로

$x - 6 \leq -2x$

$3x \leq 6$

$x \leq 2$

따라서 모든 자연수 x의 값의 합은

$1 + 2 = 3$

답 3

09

정답률 84.4%

함수 $f(x)$에 대하여

$f'(x)=6x^2+2x+1$

이므로 $f'(x)$의 한 부정적분은

$f(x)=\int(6x^2+2x+1)dx$

$\qquad =2x^3+x^2+x+C$ (단, C는 적분상수)

즉, $f(x)=2x^3+x^2+x+C$이다.

이때 $f(0)=1$이므로 $C=1$에서

$f(x)=2x^3+x^2+x+1$

따라서 $f(1)=5$

답 5

10

정답률 67.9%

$\sum\limits_{k=1}^{5}a_k=10$이므로

$\sum\limits_{k=1}^{5}ca_k=c\sum\limits_{k=1}^{5}a_k=c\times10=10c$

이고

$\sum\limits_{k=1}^{5}c=5c$

이므로

$\sum\limits_{k=1}^{5}ca_k=65+\sum\limits_{k=1}^{5}c$

에서

$10c=65+5c$

$5c=65$

따라서 $c=13$

답 13

11

정답률 36.9%

$\int_{1}^{4}(x+|x-3|)dx$

$=\int_{1}^{3}\{x-(x-3)\}dx+\int_{3}^{4}\{x+(x-3)\}dx$

$=\int_{1}^{3}3dx+\int_{3}^{4}(2x-3)dx$

$=\Big[3x\Big]_{1}^{3}+\Big[x^2-3x\Big]_{3}^{4}$

$=(9-3)+\{(16-12)-(9-9)\}$

$=6+4$

$=10$

답 10

(05회) 본문 24~28쪽

1 ②	2 ②	3 ①	4 ③	5 ⑤
6 ③	7 ⑤	8 27	9 2	10 4
11 4				

01

정답률 83.5%

$x \longrightarrow -2+$일 때, $f(x) \longrightarrow 2$이므로

$\lim\limits_{x \to -2+}f(x)=2$

$x \longrightarrow 2-$일 때, $f(x) \longrightarrow 3$이므로

$\lim\limits_{x \to 2-}f(x)=3$

따라서

$\lim\limits_{x \to -2+}f(x)+\lim\limits_{x \to 2-}f(x)=2+3=5$

답 ②

02

정답률 77.1%

$\sin\theta+\cos\theta\tan\theta=-1$에서

$\sin\theta+\cos\theta\times\dfrac{\sin\theta}{\cos\theta}=-1$이므로 $\sin\theta=-\dfrac{1}{2}$

$\cos^2\theta=1-\sin^2\theta=\dfrac{3}{4}$이고 $\cos\theta>0$이므로 $\cos\theta=\dfrac{\sqrt{3}}{2}$

따라서 $\tan\theta=\dfrac{\sin\theta}{\cos\theta}=\dfrac{-\dfrac{1}{2}}{\dfrac{\sqrt{3}}{2}}=-\dfrac{\sqrt{3}}{3}$

답 ②

03

정답률 50.3%

$-n^2+9n-18=-(n^2-9n+18)=-(n-3)(n-6)$

이므로 $-n^2+9n-18$의 n제곱근 중에서 음의 실수가 존재하기 위해서는

(i) $-n^2+9n-18<0$일 때,

즉, $2\leq n<3$ 또는 $6<n\leq11$이고 n이 홀수이어야 하므로 n은 7, 9, 11이다.

(ii) $-n^2+9n-18>0$일 때,

즉, $3<n<6$이고 n이 짝수이어야 하므로 n은 4이다.

(i), (ii)에 의하여 조건을 만족시키는 모든 n의 값의 합은

$4+7+9+11=31$

답 ①

04

정답률 77.6%

방정식 $2x^3-3x^2-12x+k=0$, 즉

$2x^3-3x^2-12x=-k$ ...... ㉠

에서 $f(x)=2x^3-3x^2-12x$라 하자.

$f'(x)=6x^2-6x-12$
$\qquad=6(x^2-x-2)=6(x+1)(x-2)$
$f'(x)=0$에서 $x=-1$ 또는 $x=2$
함수 $f(x)$의 증가와 감소를 표로 나타내면 다음과 같다.

x	$\cdots$	-1	$\cdots$	2	$\cdots$
$f'(x)$	$+$	0	$-$	0	$+$
$f(x)$	↗	7	↘	-20	↗

함수 $f(x)$는 $x=-1$에서 극댓값 7을 갖고, $x=2$에서 극솟값 -20을 갖는다.

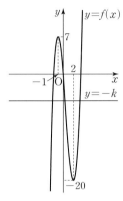

방정식 ㉠이 서로 다른 세 실근을 가지려면 함수 $y=f(x)$의 그래프와 직선 $y=-k$가 서로 다른 세 점에서 만나야 하므로
$-20<-k<7$
$-7<k<20$
따라서 정수 k의 값은
$-6,\ -5,\ -4,\ \cdots,\ 19$
이고, 그 개수는 26이다.

답 ③

05
정답률 72.3%

삼각형 ABD에서 코사인법칙에 의하여
$\cos A=\dfrac{6^2+6^2-(\sqrt{15})^2}{2\times6\times6}=\dfrac{57}{72}$
이므로 삼각형 ABC에서 코사인법칙에 의하여
$\overline{BC}^2=\overline{AB}^2+\overline{CA}^2-2\times\overline{AB}\times\overline{CA}\times\cos A$
$\qquad=6^2+10^2-2\times6\times10\times\dfrac{57}{72}$
$\qquad=36+100-120\times\dfrac{57}{72}$
$\qquad=136-95=41$
따라서 $\overline{BC}=\sqrt{41}$

답 ⑤

06
정답률 68.5%

곡선 $y=x^2$과 직선 $y=ax$가 만나는 점의 x좌표는
$x^2=ax$에서 $x(x-a)=0$

$x=0$ 또는 $x=a$
따라서 곡선 $y=x^2$과 직선 $y=ax$로 둘러싸인 부분의 넓이는
$\displaystyle\int_0^a(ax-x^2)dx=\left[\dfrac{a}{2}x^2-\dfrac{1}{3}x^3\right]_0^a$
$\qquad=\dfrac{1}{2}a^3-\dfrac{1}{3}a^3$
$\qquad=\dfrac{a^3}{6}$

답 ③

07
정답률 63.4%

$S_n=\dfrac{1}{n(n+1)}=\dfrac{1}{n}-\dfrac{1}{n+1}$이므로
$\displaystyle\sum_{k=1}^{10}S_k=\sum_{k=1}^{10}\left(\dfrac{1}{k}-\dfrac{1}{k+1}\right)$
$\qquad=\left(\dfrac{1}{1}-\dfrac{1}{2}\right)+\left(\dfrac{1}{2}-\dfrac{1}{3}\right)+\cdots+\left(\dfrac{1}{10}-\dfrac{1}{11}\right)$
$\qquad=1-\dfrac{1}{11}=\dfrac{10}{11}$
한편,
$\displaystyle\sum_{k=1}^{10}a_k=S_{10}=\dfrac{1}{10\times11}=\dfrac{1}{110}$
이므로
$\displaystyle\sum_{k=1}^{10}(S_k-a_k)=\sum_{k=1}^{10}S_k-\sum_{k=1}^{10}a_k$
$\qquad=\dfrac{10}{11}-\dfrac{1}{110}$
$\qquad=\dfrac{99}{110}=\dfrac{9}{10}$

답 ⑤

08
정답률 35.2%

$\displaystyle\lim_{x\to5}\dfrac{f(x)-x}{x-5}=8$에서
$\displaystyle\lim_{x\to5}(x-5)=0$이고, 극한값이 존재하므로
$\displaystyle\lim_{x\to5}\{f(x)-x\}=0$이어야 한다.
최고차항의 계수가 1인 이차함수 $f(x)$에 대하여
$f(x)-x$도 최고차항의 계수가 1인 이차함수이므로
$f(x)-x=(x-5)(x+a)$ (a는 상수)라 하면
$\displaystyle\lim_{x\to5}\dfrac{f(x)-x}{x-5}=\lim_{x\to5}\dfrac{(x-5)(x+a)}{x-5}$
$\qquad=\lim_{x\to5}(x+a)$
$\qquad=5+a$
즉, $5+a=8$에서
$a=3$
따라서 $f(x)=(x-5)(x+3)+x$이므로
$f(7)=2\times10+7=27$

답 27

09

정답률 78.6%

$$\log_4 \frac{2}{3} + \log_4 24 = \log_4 \left(\frac{2}{3} \times 24\right)$$
$$= \log_4 16$$
$$= \log_4 4^2 = 2$$

답 2

10

정답률 70.2%

함수 $f(x) = x^3 + ax^2 - 9x + b$가 $x=1$에서 극소이므로
$f'(1) = 0$
$f'(x) = 3x^2 + 2ax - 9$이므로
$f'(1) = 3 + 2a - 9 = 0$에서
$a = 3$
한편, $f'(x) = 0$에서
$3x^2 + 6x - 9 = 0$
$3(x+3)(x-1) = 0$
$x = -3$ 또는 $x = 1$
함수 $f(x)$의 증가와 감소를 표로 나타내면 다음과 같다.

x	$\cdots$	-3	$\cdots$	1	$\cdots$
$f'(x)$	$+$	0	$-$	0	$+$
$f(x)$	↗	극대	↘	극소	↗

함수 $f(x)$는 $x=-3$에서 극대이고, 극댓값이 28이다.
$f(-3) = (-3)^3 + 3 \times (-3)^2 - 9 \times (-3) + b$
$\qquad = 27 + b$
이므로
$27 + b = 28$에서
$b = 1$
따라서
$a + b = 3 + 1 = 4$

답 4

11

정답률 69.6%

등비수열 $\{a_n\}$의 공비를 r, $a_1 = a$라 하면
$a_2 = 36$에서
$ar = 36$ $\cdots\cdots$ ㉠
또, $a_7 = \frac{1}{3} a_5$에서
$ar^6 = \frac{1}{3} ar^4$
$r^2 = \frac{1}{3}$ $\cdots\cdots$ ㉡
㉠, ㉡에서
$a_6 = ar^5 = ar \times r^4 = 36 \times \left(\frac{1}{3}\right)^2 = 4$

답 4

[06회]

1 ④	2 ③	3 ②	4 ⑤	5 ②
6 ②	7 ④	8 ⑤	9 10	10 33
11 16				

01

정답률 83.4%

$x \longrightarrow -1-$일 때, $f(x) \longrightarrow 3$이므로
$$\lim_{x \to -1-} f(x) = 3$$
$x \longrightarrow 2$일 때, $f(x) \longrightarrow 1$이므로
$$\lim_{x \to 2} f(x) = 1$$
따라서
$$\lim_{x \to -1-} f(x) + \lim_{x \to 2} f(x) = 3 + 1$$
$$= 4$$

답 ④

02

정답률 83.5%

$a_2 = b_2$에서
$a_1 + 3 = b_1 \times 2$
즉, $a_1 - 2b_1 = -3$ $\cdots\cdots$ ㉠
$a_4 = b_4$에서
$a_1 + 3 \times 3 = b_1 \times 2^3$
즉, $a_1 - 8b_1 = -9$ $\cdots\cdots$ ㉡
㉠, ㉡을 연립하여 풀면
$a_1 = -1$, $b_1 = 1$
따라서
$a_1 + b_1 = 0$

답 ③

03

정답률 78.5%

$f(x) = 2x^3 - 9x^2 + ax + 5$에서
$f'(x) = 6x^2 - 18x + a$
함수 $f(x)$가 $x=1$에서 극대이므로
$f'(1) = 6 - 18 + a = 0$
$a = 12$
$f'(x) = 6x^2 - 18x + 12$
$\qquad = 6(x^2 - 3x + 2)$
$\qquad = 6(x-1)(x-2)$
$f'(x) = 0$에서
$x = 1$ 또는 $x = 2$

함수 $f(x)$의 증가와 감소를 표로 나타내면 다음과 같다.

x	$\cdots$	1	$\cdots$	2	$\cdots$
$f'(x)$	$+$	0	$-$	0	$+$
$f(x)$	↗	극대	↘	극소	↗

함수 $f(x)$는 $x=2$에서 극소이므로 $b=2$
따라서 $a=12$, $b=2$이므로
$a+b=12+2=14$

답 ②

04
정답률 58.1%

$\cos\left(\dfrac{\pi}{2}+\theta\right)=-\sin\theta$이므로

$-\sin\theta=\dfrac{\sqrt{5}}{5}$

즉, $\sin\theta=-\dfrac{\sqrt{5}}{5}$

$\tan\theta<0$, $\sin\theta<0$이므로
θ는 제4사분면의 각이고, $\cos\theta>0$이다.

$\cos^2\theta=1-\sin^2\theta$

$\qquad =1-\left(-\dfrac{\sqrt{5}}{5}\right)^2$

$\qquad =\dfrac{4}{5}$

에서

$\cos\theta=-\dfrac{2\sqrt{5}}{5}$ 또는 $\cos\theta=\dfrac{2\sqrt{5}}{5}$

따라서 $\cos\theta>0$이므로

$\cos\theta=\dfrac{2\sqrt{5}}{5}$

답 ⑤

05
정답률 72.3%

$(x+1)f(x)+(1-x)g(x)=x^3+9x+1$ $\quad\cdots\cdots$ ㉠
㉠에 $x=0$을 대입하면
$f(0)+g(0)=1$
$f(0)=4$이므로 $g(0)=-3$이다.
㉠의 양변을 x에 대하여 미분하면
$f(x)+(x+1)f'(x)-g(x)+(1-x)g'(x)=3x^2+9$ $\quad\cdots\cdots$ ㉡
㉡에 $x=0$을 대입하면
$f(0)+f'(0)-g(0)+g'(0)=9$
따라서
$f'(0)+g'(0)=9-f(0)+g(0)$
$\qquad\qquad\qquad =9-4+(-3)$
$\qquad\qquad\qquad =2$

답 ②

06
정답률 76.5%

등차수열 $\{a_n\}$의 첫째항부터 제n항까지의 합을 S_n이라 하면
$S_1=1^2-5\times1=-4$
$S_2=2^2-5\times2=-6$
그러므로
$a_2=S_2-S_1$
$\quad =-6-(-4)$
$\quad =-2$
따라서
$a_1+d=a_2=-2$

답 ②

07
정답률 80%

$f'(x)=6x^2-2f(1)x$에서
$f(x)=\displaystyle\int f'(x)\,dx$
$\qquad =\displaystyle\int\{6x^2-2f(1)x\}\,dx$
$\qquad =2x^3-f(1)x^2+C$ (단, C는 적분상수)
이때 $f(0)=4$이므로
$f(0)=C=4$
즉, $f(x)=2x^3-f(1)x^2+4$
위 식에 $x=1$을 대입하면
$f(1)=2-f(1)+4$
$2f(1)=6$
$f(1)=3$
따라서 $f(x)=2x^3-3x^2+4$이므로
$f(2)=2\times8-3\times4+4$
$\qquad =8$

답 ④

08
정답률 79.8%

$f(x)=\dfrac{1}{3}x^3-2x^2-12x+4$에서
$f'(x)=x^2-4x-12=(x+2)(x-6)$
$f'(x)=0$에서 $x=-2$ 또는 $x=6$
함수 $f(x)$의 증가와 감소를 표로 나타내면 다음과 같다.

x	$\cdots$	-2	$\cdots$	6	$\cdots$
$f'(x)$	$+$	0	$-$	0	$+$
$f(x)$	↗	극대	↘	극소	↗

함수 $f(x)$는 $x=-2$에서 극대이고, $x=6$에서 극소이다.
따라서 $\alpha=-2$, $\beta=6$이므로
$\beta-\alpha=6-(-2)=8$

답 ⑤

09

정답률 73.7%

로그의 진수 조건에서 $x-2>0$, $x+6>0$이므로

$x>2$

주어진 방정식에서

$\log_2 (x-2)=\log_4 4+\log_4 (x+6)$

$\log_4 (x-2)^2=\log_4 4(x+6)$

양변의 밑이 4로 같으므로

$(x-2)^2=4(x+6)$

$x^2-8x-20=0$

$(x+2)(x-10)=0$

$x>2$이므로 $x=10$

답 10

10

정답률 54%

$a_3=a_2-a_1=-6$,

$a_4=a_3-a_2=-9$,

$a_5=a_4-a_3=-3$,

$a_6=a_5-a_4=6$,

$a_7=a_6-a_5=9$,

$a_8=a_7-a_6=3$

…

즉, 수열 $\{a_n\}$의 각 항은

9, 3, -6, -9, -3, 6, …

이 반복되므로 모든 자연수 n에 대하여

$a_n=a_{n+6}$

이 성립한다.

이때 9, 3, -6, -9, -3, 6 중에서 $|a_k|=3$을 만족시키는 항의 개수는 2이고

$100=6\times16+4$

이므로 구하는 100 이하의 자연수 k의 개수는

$16\times2+1=33$

답 33

11

정답률 79%

$f(x)=\displaystyle\int f'(x)dx$

$=\displaystyle\int (6x^2-4x+3)dx$

$=2x^3-2x^2+3x+C$ (단, C는 적분상수)

이때 $f(1)=5$이므로

$f(1)=2-2+3+C=3+C=5$에서

$C=2$

따라서 $f(x)=2x^3-2x^2+3x+2$이므로

$f(2)=16-8+6+2=16$

답 16

(07회)

본문 34~38쪽

1 ④	2 ④	3 ③	4 ②	5 ①
6 ③	7 ②	8 109	9 2	10 102
11 32				

01

정답률 81.9%

$f(x)=x^3-3x^2-9x+k$로 놓으면

$f'(x)=3x^2-6x-9=3(x+1)(x-3)$

$f'(x)=0$에서 $x=-1$ 또는 $x=3$

함수 $f(x)$의 증가와 감소를 표로 나타내면 다음과 같다.

x	$\cdots$	-1	$\cdots$	3	$\cdots$
$f'(x)$	$+$	0	$-$	0	$+$
$f(x)$	↗	극대	↘	극소	↗

$f(-1)=k+5$, $f(3)=k-27$

삼차함수 $y=f(x)$의 그래프는 $x=-1$에서 극댓값 $k+5$를 갖고, $x=3$에서 극솟값 $k-27$을 갖는다.

이때 방정식 $f(x)=0$의 서로 다른 실근의 개수가 2가 되려면 극댓값 또는 극솟값이 0이어야 하므로

$k+5=0$ 또는 $k-27=0$

즉 $k=-5$ 또는 $k=27$

따라서 조건을 만족시키는 모든 실수 k의 값의 합은

$-5+27=22$

답 ④

02

정답률 64.3%

$4\cos^2 x-1=0$에서 $(2\cos x+1)(2\cos x-1)=0$

$\cos x=-\dfrac{1}{2}$ 또는 $\cos x=\dfrac{1}{2}$

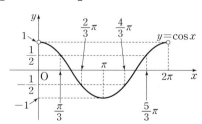

따라서 방정식을 만족시키는 x의 값은

$x=\dfrac{\pi}{3}$ 또는 $x=\dfrac{2}{3}\pi$ 또는 $x=\dfrac{4}{3}\pi$ 또는 $x=\dfrac{5}{3}\pi$

한편, $\sin x \cos x<0$이므로 x는 제2사분면의 각 또는 제4사분면의 각이다.

따라서 구하는 x의 값은 $x=\dfrac{2}{3}\pi$ 또는 $x=\dfrac{5}{3}\pi$이므로 모든 x의 값의 합은 $\dfrac{7}{3}\pi$이다.

답 ④

03

함수 $y=f(x)$의 주기는 $\dfrac{2\pi}{\frac{\pi}{6}}=12$

이므로 함수 $y=f(x)$의 그래프는 다음 그림과 같다.

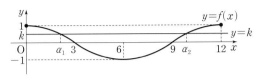

위의 그림과 같이 일반성을 잃지 않고 $a_1<a_2$라 하면

$a_1+a_2=12$

주어진 조건에 의하여 $a_2-a_1=8$이므로

$a_1=2,\ a_2=10$

$k=\cos\left(\dfrac{\pi}{6}\times2\right)=\cos\dfrac{\pi}{3}=\dfrac{1}{2}$

한편, $-3\cos\dfrac{\pi}{6}x-1=\dfrac{1}{2}$에서

$\cos\dfrac{\pi}{6}x=-\dfrac{1}{2}$

$0\le x\le12$에서 $0\le\dfrac{\pi}{6}x\le2\pi$이므로

$\dfrac{\pi}{6}x=\dfrac{2}{3}\pi$ 또는 $\dfrac{\pi}{6}x=\dfrac{4}{3}\pi$

즉, $x=4$ 또는 $x=8$

따라서 $|\beta_1-\beta_2|=|4-8|=4$

답 ③

04

$\displaystyle\lim_{x\to0}\dfrac{f(x)}{x}=1$에서

$x\to0$일 때 (분모)$\to0$이므로 (분자)$\to0$이어야 한다.

즉, $f(0)=0$

또한, $\displaystyle\lim_{x\to1}\dfrac{f(x)}{x-1}=1$에서

$x\to1$일 때 (분모)$\to0$이므로 (분자)$\to0$이어야 한다.

즉, $f(1)=0$

따라서 삼차함수 $f(x)$를

$f(x)=x(x-1)(ax+b)$ (a, b는 상수)

로 놓을 수 있다.

$\displaystyle\lim_{x\to0}\dfrac{f(x)}{x}=\lim_{x\to0}(x-1)(ax+b)=-b$

이므로 $b=-1$

$\displaystyle\lim_{x\to1}\dfrac{f(x)}{x-1}=\lim_{x\to1}x(ax+b)=a+b$

이므로 $a+b=1$

따라서 $a=2$이므로

$f(x)=x(x-1)(2x-1)$에서

$f(2)=2\times1\times3=6$

답 ②

05

등비수열 $\{a_n\}$의 공비를 r이라 하면

$a_7=4a_6-16$에서 $a_5r^2=4a_5r-16$이고, $a_5=4$이므로

$4r^2=4\times4r-16$에서 $r^2-4r+4=0$

$(r-2)^2=0$이므로 $r=2$

따라서 $a_8=a_5r^3=4\times2^3=32$

답 ①

06

$f(x)=x^3-2x^2+2x+a$에서

$f'(x)=3x^2-4x+2$

$f(1)=a+1$, $f'(1)=1$이므로

곡선 $y=f(x)$ 위의 점 $(1,f(1))$에서의 접선의 방정식은

$y=(x-1)+a+1$, 즉 $y=x+a$

접선이 x축, y축과 각각 만나는 두 점 P, Q의 좌표는

$(-a,0)$, $(0,a)$이다.

이때 $\overline{PQ}=6$이므로 $\sqrt{a^2+a^2}=6$, $a^2=18$

따라서 $a>0$이므로 $a=3\sqrt{2}$

답 ③

07

$S_3-S_2=a_3$이므로 $a_6=2a_3$

등차수열 $\{a_n\}$의 공차를 d라 하면 $a_1=2$이므로

$2+5d=2(2+2d)$에서 $2+5d=4+4d$

$d=2$

따라서 $a_{10}=2+9\times2=20$이므로

$S_{10}=\dfrac{10(a_1+a_{10})}{2}=\dfrac{10\times(2+20)}{2}=110$

답 ②

08

$$\sum_{k=1}^{6}(k+1)^2-\sum_{k=1}^{5}(k-1)^2=7^2+\sum_{k=1}^{5}(k+1)^2-\sum_{k=1}^{5}(k-1)^2$$
$$=49+\sum_{k=1}^{5}\{(k+1)^2-(k-1)^2\}$$
$$=49+4\sum_{k=1}^{5}k$$
$$=49+4\times\dfrac{5\times6}{2}$$
$$=109$$

답 109

09

$\log_3 72-\log_3 8=\log_3\dfrac{72}{8}=\log_3 9=\log_3 3^2=2$

답 2

10

원점에서 출발한 점 P의 시각 $t=k$에서의 위치는

$$\int_0^k (12t-12)\,dt = \Big[6t^2-12t \Big]_0^k = 6k^2-12k$$

원점에서 출발한 점 Q의 시각 $t=k$에서의 위치는

$$\int_0^k (3t^2+2t-12)\,dt = \Big[t^3+t^2-12t \Big]_0^k = k^3+k^2-12k$$

시각 $t=k$에서 두 점 P, Q의 위치가 같으므로

$6k^2-12k = k^3+k^2-12k$, $k^2(k-5)=0$

$k>0$이므로 $k=5$

시각 $t=0$에서 $t=5$까지 점 P가 움직인 거리는

$$\int_0^5 |12t-12|\,dt = \int_0^1 (12-12t)\,dt + \int_1^5 (12t-12)\,dt$$

$$= \Big[12t-6t^2 \Big]_0^1 + \Big[6t^2-12t \Big]_1^5$$

$$= (12-6) + \{(150-60)-(6-12)\}$$

$$= 6+96$$

$$= 102$$

답 102

11

$f(2+x) = \sin\left(\dfrac{\pi}{2}+\dfrac{\pi}{4}x\right) = \cos\dfrac{\pi}{4}x$,

$f(2-x) = \sin\left(\dfrac{\pi}{2}-\dfrac{\pi}{4}x\right) = \cos\dfrac{\pi}{4}x$

이므로 주어진 부등식은

$\cos^2 \dfrac{\pi}{4}x < \dfrac{1}{4}$

즉,

$-\dfrac{1}{2} < \cos\dfrac{\pi}{4}x < \dfrac{1}{2}$ ...... ㉠

이다.

$0<x<16$에서 $0<\dfrac{\pi}{4}x<4\pi$이므로 ㉠에서

$\dfrac{\pi}{3} < \dfrac{\pi}{4}x < \dfrac{2}{3}\pi$ 또는 $\dfrac{4}{3}\pi < \dfrac{\pi}{4}x < \dfrac{5}{3}\pi$

또는 $\dfrac{7}{3}\pi < \dfrac{\pi}{4}x < \dfrac{8}{3}\pi$ 또는 $\dfrac{10}{3}\pi < \dfrac{\pi}{4}x < \dfrac{11}{3}\pi$

이다. 즉,

$\dfrac{4}{3} < x < \dfrac{8}{3}$ 또는 $\dfrac{16}{3} < x < \dfrac{20}{3}$ 또는

$\dfrac{28}{3} < x < \dfrac{32}{3}$ 또는 $\dfrac{40}{3} < x < \dfrac{44}{3}$

이므로 구하는 자연수 x의 값은

2, 6, 10, 14

이다.

따라서 구하는 모든 자연수 x의 값의 합은

$2+6+10+14=32$

답 32

[08회]

1 ⑤	2 ⑤	3 ①	4 ④	5 ②
6 ⑤	7 ②	8 7	9 5	10 36
11 20				

01

$\cos(\pi+\theta)=\dfrac{1}{3}$에서 $-\cos\theta=\dfrac{1}{3}$

즉, $\cos\theta = -\dfrac{1}{3}$ ...... ㉠

$\sin(\pi+\theta) = -\sin\theta > 0$에서

$\sin\theta<0$ ...... ㉡

㉠, ㉡에서 θ는 제3사분면의 각이므로

$\sin\theta = -\sqrt{1-\left(-\dfrac{1}{3}\right)^2} = -\sqrt{\dfrac{8}{9}} = -\dfrac{2\sqrt{2}}{3}$

따라서 $\tan\theta = \dfrac{\sin\theta}{\cos\theta} = \dfrac{-\dfrac{2\sqrt{2}}{3}}{-\dfrac{1}{3}} = 2\sqrt{2}$

답 ⑤

02

$f(x) = (x^2-1)(x^2+2x+2)$에서

$f'(x) = 2x(x^2+2x+2)+(x^2-1)(2x+2)$

따라서 $f'(1) = 2\times5 = 10$

답 ⑤

03

함수 $\{f(x)\}^2$이 실수 전체의 집합에서 연속이 되려면 $x=2$에서 연속이어야 한다.

즉, $\lim\limits_{x\to2-}\{f(x)\}^2 = \lim\limits_{x\to2+}\{f(x)\}^2 = \{f(2)\}^2$이어야 하므로

$\lim\limits_{x\to2-}\{f(x)\}^2 = (5-2a)^2$, $\lim\limits_{x\to2+}\{f(x)\}^2 = 1$, $\{f(2)\}^2 = 1$에서

$(5-2a)^2 = 1$

$5-2a=1$ 또는 $5-2a=-1$

즉, $a=2$ 또는 $a=3$

따라서 모든 상수 a의 값의 합은

$2+3=5$

답 ①

04

두 점 A, B가 직선 $y=x$ 위에 있으므로

$A(p, p)$, $B(q, q)$ $(p<q)$로 놓으면

$\overline{AB} = 6\sqrt{2}$이므로 $\sqrt{(q-p)^2+(q-p)^2} = 6\sqrt{2}$

$q-p=6$ ...... ㉠

또, 사각형 ACDB의 넓이가 30이므로

$\dfrac{1}{2} \times \overline{CD} \times (\overline{AC} + \overline{BD}) = 30$

$\dfrac{1}{2} \times (q-p) \times (p+q) = 30$

$\dfrac{1}{2} \times 6 \times (p+q) = 30$

$p+q=10$ ...... ㉡

㉠, ㉡을 연립하여 풀면 $p=2$, $q=8$

두 점 A, B가 곡선 $y=2^{ax+b}$ 위에 있으므로

$2^{2a+b}=2$ ...... ㉢

$2^{8a+b}=8$ ...... ㉣

㉣÷㉢을 하면

$2^{6a}=4$, $2^{6a}=2^2$, $6a=2$, $a=\dfrac{1}{3}$

이 값을 ㉢에 대입하면

$2^{\frac{2}{3}+b}=2$, $\dfrac{2}{3}+b=1$, $b=\dfrac{1}{3}$

따라서 $a+b=\dfrac{1}{3}+\dfrac{1}{3}=\dfrac{2}{3}$

답 ④

05
정답률 72.7%

$S_7 - S_4 = a_5 + a_6 + a_7 = 0$

수열 $\{a_n\}$이 등차수열이므로 공차를 d라 하면

$a_5 = a_6 - d$, $a_7 = a_6 + d$에서

$(a_6 - d) + a_6 + (a_6 + d) = 3a_6 = 0$

즉, $a_6 = 0$

$S_6 = 30$이므로

$S_6 = \dfrac{6(a_1 + a_6)}{2} = 3a_1 = 30$

즉, $a_1 = 10$

$a_6 = 10 + 5d = 0$이므로 $d = -2$

따라서 $a_2 = a_1 + d = 10 - 2 = 8$

답 ②

06
정답률 76.9%

$\displaystyle\sum_{k=1}^{9}(k+1)^2 - \sum_{k=1}^{10}(k-1)^2 = (2^2+3^2+\cdots+10^2) - (0^2+1^2+\cdots+9^2)$

$= 10^2 - 1^2 = 100 - 1$

$= 99$

답 ⑤

07
정답률 64.2%

$xf(x) - f(x) = 3x^4 - 3x$에서

$(x-1)f(x) = 3x(x-1)(x^2+x+1)$ ...... ㉠

함수 $f(x)$가 삼차함수이고 ㉠이 x에 대한 항등식이므로

$f(x) = 3x(x^2+x+1)$

$\displaystyle\int_{-2}^{2} f(x)dx = \int_{-2}^{2} 3x(x^2+x+1)dx = \int_{-2}^{2}(3x^3+3x^2+3x)dx$

$= 2\int_{0}^{2} 3x^2 dx = 2 \times \left[x^3 \right]_{0}^{2}$

$= 2 \times 2^3 = 16$

답 ②

08
정답률 80.5%

$\log_3(x+2) - \log_{\frac{1}{3}}(x-4) = \log_3(x+2) - \log_{3^{-1}}(x-4)$

$= \log_3(x+2) + \log_3(x-4)$

$= \log_3(x+2)(x-4)$

이므로 $\log_3(x+2)(x-4) = 3$

$(x+2)(x-4) = 3^3$

$x^2 - 2x - 35 = 0$, $(x-7)(x+5) = 0$

진수 조건에 의해서 $x > 4$

따라서 $x = 7$

답 7

09
정답률 76%

함수 $f(x) = (x^2+1)(x^2+ax+3)$에 대하여

$f'(x) = 2x(x^2+ax+3) + (x^2+1)(2x+a)$

이때 $f'(1) = 32$이므로

$f'(1) = 2(1+a+3) + 2(2+a) = 32$

즉, $4a + 12 = 32$에서 $4a = 20$, $a = 5$

답 5

10
정답률 62.3%

등비수열 $\{a_n\}$의 공비를 r이라 하면 $\dfrac{a_{16}}{a_{14}} + \dfrac{a_8}{a_7} = r^2 + r$

즉, $r^2 + r = 12$이므로

$r^2 + r - 12 = 0$, $(r+4)(r-3) = 0$

이때 $r > 0$이므로 $r = 3$

따라서 $\dfrac{a_3}{a_1} + \dfrac{a_6}{a_3} = r^2 + r^3 = 3^2 + 3^3 = 36$

답 36

11
정답률 42.1%

$0 \le t \le 3$일 때 $v(t) \ge 0$, $3 \le t \le 4$일 때 $v(t) \le 0$이므로

시각 $t=0$에서 $t=4$까지 점 P가 움직인 거리는

$\displaystyle\int_{0}^{4} |v(t)|dt = \int_{0}^{3}|v(t)|dt + \int_{3}^{4}|v(t)|dt$

$= \int_{0}^{3}(12-4t)dt + \int_{3}^{4}(4t-12)dt$

$= \left[12t - 2t^2 \right]_{0}^{3} + \left[2t^2 - 12t \right]_{3}^{4}$

$= 18 + 2 = 20$

답 20

1 ①	**2** ①	**3** ①	**4** ①	**5** ⑤
6 ④	**7** ③	**8** ⑤	**9** 15	**10** 16
11 3				

01

정답률 **74%**

정사각형의 한 변의 길이가 1이므로 $6^{-a}-6^{-a-1}=1$

$6^{-a}-\dfrac{6^{-a}}{6}=1,\ \left(1-\dfrac{1}{6}\right)\times 6^{-a}=1$

따라서 $6^{-a}=\dfrac{6}{5}$

답 ①

02

정답률 **80.7%**

$f'(x)=x^2-4x-5=(x+1)(x-5)$

$f'(x)=0$에서 $x=-1$ 또는 $x=5$

함수 $f(x)$의 증가와 감소를 표로 나타내면 다음과 같다.

x	$\cdots$	-1	$\cdots$	5	$\cdots$
$f'(x)$	$+$	0	$-$	0	$+$
$f(x)$	↗	극대	↘	극소	↗

$-1 \le a < b \le 5$일 때, 함수 $f(x)$는 닫힌구간 $[a,\ b]$에서 감소한다.

따라서 $b-a$의 최댓값은 $5-(-1)=6$

답 ①

03

정답률 **60.6%**

$\tan\theta-\dfrac{6}{\tan\theta}=1$의 양변에 $\tan\theta$를 곱하면

$\tan^2\theta-6=\tan\theta$에서 $\tan^2\theta-\tan\theta-6=0$

$(\tan\theta+2)(\tan\theta-3)=0$

$\tan\theta=-2$ 또는 $\tan\theta=3$

이때 $\pi<\theta<\dfrac{3}{2}\pi$이므로 $\tan\theta=3$

즉, $\dfrac{\sin\theta}{\cos\theta}=3$에서 $\sin\theta=3\cos\theta$

이므로 $\sin^2\theta+\cos^2\theta=1$에 대입하면

$9\cos^2\theta+\cos^2\theta=1,\ 10\cos^2\theta=1$

$\cos\theta=\dfrac{1}{\sqrt{10}}$ 또는 $\cos\theta=-\dfrac{1}{\sqrt{10}}$

이때 $\pi<\theta<\dfrac{3}{2}\pi$이므로 $\cos\theta=-\dfrac{1}{\sqrt{10}}$ $\quad$ …… ㉠

㉠을 $\sin^2\theta+\cos^2\theta=1$에 대입하면

$\sin^2\theta+\dfrac{1}{10}=1,\ \sin^2\theta=\dfrac{9}{10}$

$\sin\theta=\dfrac{3}{\sqrt{10}}$ 또는 $\sin\theta=-\dfrac{3}{\sqrt{10}}$

이때 $\pi<\theta<\dfrac{3}{2}\pi$이므로 $\sin\theta=-\dfrac{3}{\sqrt{10}}$ $\quad$ …… ㉡

따라서 ㉠, ㉡에서

$\sin\theta+\cos\theta=\left(-\dfrac{3}{\sqrt{10}}\right)+\left(-\dfrac{1}{\sqrt{10}}\right)=-\dfrac{2\sqrt{10}}{5}$

답 ①

04

정답률 **68.5%**

$f(x)=-\dfrac{1}{3}x^3+2x^2+mx+1$에서

$f'(x)=-x^2+4x+m$

이때 함수 $f(x)$가 $x=3$에서 극대이므로 $f'(3)=0$이다.

따라서 $f'(3)=-3^2+4\times3+m=0$이므로

$m+3=0,\ m=-3$

답 ①

05

정답률 **73.8%**

등비수열 $\{a_n\}$의 첫째항을 a, 공비를 r이라 하면 수열 $\{a_n\}$의 모든 항이 양수이므로 $a>0,\ r>0$이다.

$\dfrac{a_3 a_8}{a_6}=12$에서 $\dfrac{ar^2\times ar^7}{ar^5}=12,\ ar^4=12$

즉, $a_5=12$

$a_5+a_7=36$에서 $a_7=24$이므로

$r^2=\dfrac{a_7}{a_5}=\dfrac{24}{12}=2$

따라서 $\dfrac{a_{11}}{a_7}=r^4=(r^2)^2=2^2=4$이므로

$a_{11}=a_7\times4=24\times4=96$

답 ⑤

06

정답률 **63.8%**

$x<0$일 때, 점 A에서 두 함수 $y=ax^2+2$와 $y=-2x$의 그래프가 접하므로 $ax^2+2=-2x$

즉, $ax^2+2x+2=0$ $\quad$ …… ㉠

이차방정식 ㉠의 판별식을 D라 하면 $\dfrac{D}{4}=1-2a=0$

즉, $a=\dfrac{1}{2}$이므로 접점 A의 x좌표는 -2이다.

점 B는 점 A와 y축에 대하여 대칭이므로 접점 B의 x좌표는 2이다.

따라서 주어진 두 함수의 그래프가 모두 y축에 대하여 대칭이므로 구하는 넓이는

$2\times\displaystyle\int_0^2\left(\dfrac{1}{2}x^2+2-2x\right)dx=2\times\left[\dfrac{1}{6}x^3+2x-x^2\right]_0^2=2\times\dfrac{4}{3}=\dfrac{8}{3}$

답 ④

07

정답률 **70%**

$\angle C=120°$이므로 삼각형 ABC에서 사인법칙에 의하여

$$\dfrac{\overline{BC}}{\sin 45°}=\dfrac{8}{\sin 120°}$$

따라서 $\overline{BC}=\dfrac{8}{\dfrac{\sqrt3}{2}}\times\dfrac{\sqrt2}{2}=\dfrac{8\sqrt6}{3}$

답 ③

08 정답률 64%

두 점 $A(m, m+3)$, $B(m+3, m-3)$에 대하여 선분 AB를 $2:1$
로 내분하는 점의 좌표는

$\left(\dfrac{2(m+3)+m}{2+1},\ \dfrac{2(m-3)+(m+3)}{2+1}\right)$, 즉 $(m+2, m-1)$

점 $(m+2, m-1)$이 곡선 $y=\log_4(x+8)+m-3$ 위에 있으므로
$m-1=\log_4(m+10)+m-3$에서
$\log_4(m+10)=2$, $m+10=4^2$, $m=6$

답 ⑤

09 정답률 80%

$f(x)=\displaystyle\int f'(x)dx=\displaystyle\int(4x^3-2x)dx$
  $=x^4-x^2+C$ (단, C는 적분상수)

이때 $f(0)=3$이므로 $C=3$

따라서 $f(x)=x^4-x^2+3$이므로
$f(2)=16-4+3=15$

답 15

10 정답률 68%

$\displaystyle\int_0^2(3x^2-2x+3)dx-\int_2^0(2x+1)dx$

$=\displaystyle\int_0^2(3x^2-2x+3)dx+\int_0^2(2x+1)dx$

$=\displaystyle\int_0^2\left\{(3x^2-2x+3)+(2x+1)\right\}dx$

$=\displaystyle\int_0^2(3x^2+4)dx=\left[x^3+4x\right]_0^2=2^3+4\times2=16$

답 16

11 정답률 71.6%

$\displaystyle\sum_{k=1}^{10}(4k+a)=4\sum_{k=1}^{10}k+10a=4\times\dfrac{10\times11}{2}+10a$
  $=220+10a$

즉, $220+10a=250$이므로 $10a=30$

따라서 $a=3$

답 3

---

1 ④	2 ④	3 ③	4 ⑤	5 ③
6 ①	7 ⑤	8 6	9 11	10 110
11 15				

01 정답률 89.1%

$x\longrightarrow-1+$일 때, $f(x)\longrightarrow4$이므로
$\displaystyle\lim_{x\to-1+}f(x)=4$

$x\longrightarrow2-$일 때, $f(x)\longrightarrow-2$이므로
$\displaystyle\lim_{x\to2-}f(x)=-2$

따라서 $\displaystyle\lim_{x\to-1+}f(x)+\lim_{x\to2-}f(x)=4+(-2)=2$

답 ④

02 정답률 84.2%

함수 $f(x)$가 실수 전체의 집합에서 연속이려면 $x=-1$에서 연속이
어야 하므로
$\displaystyle\lim_{x\to-1-}f(x)=\lim_{x\to-1+}f(x)=f(-1)$
이 성립해야 한다. 이때
$\displaystyle\lim_{x\to-1-}f(x)=\lim_{x\to-1-}(2x+a)=-2+a$
$\displaystyle\lim_{x\to-1+}f(x)=\lim_{x\to-1+}(x^2-5x-a)=6-a$
$f(-1)=-2+a$
이므로
$-2+a=6-a$
따라서 $a=4$

답 ④

03 정답률 84.3%

$a_1a_3=(a_2)^2=4$, $a_3a_5=(a_4)^2=64$에서 모든 항이 양수이므로
$a_2=2$, $a_4=8$

등비수열 $\{a_n\}$의 공비를 r이라 하면
$\dfrac{a_4}{a_2}=\dfrac{8}{2}=4=r^2$

따라서 $a_6=a_4\times r^2=8\times4=32$

답 ③

04 정답률 72.4%

로그의 진수 조건에 의하여
$n^2-9n+18>0$, $(n-3)(n-6)>0$
$n<3$ 또는 $n>6$ ······ ㉠

$\log_{18}(n^2-9n+18)<1$에서
$n^2-9n+18<18$이므로
$n^2-9n<0$, $n(n-9)<0$

$0 < n < 9$ …… ㉡

㉠, ㉡을 모두 만족시키는 n의 값의 범위는

$0 < n < 3$ 또는 $6 < n < 9$

이를 만족시키는 자연수 n은 1, 2, 7, 8이므로

구하는 모든 자연수 n의 값의 합은

$1+2+7+8=18$

답 ⑤

05
정답률 72.8%

두 점 $(2, \log_4 a)$, $(3, \log_2 b)$를 지나는 직선이 원점을 지나므로

원점과 각각 두 점을 잇는 직선의 기울기는 서로 같아야 한다.

즉, $\dfrac{\log_4 a}{2}=\dfrac{\log_2 b}{3}$에서 $\dfrac{1}{4}\log_2 a=\dfrac{1}{3}\log_2 b$

이므로 $\log_2 a=\dfrac{4}{3}\log_2 b$

따라서 $\log_a b=\dfrac{\log_2 b}{\log_2 a}=\dfrac{\log_2 b}{\dfrac{4}{3}\log_2 b}=\dfrac{3}{4}$

답 ③

06
정답률 61.7%

$\sin\left(\theta-\dfrac{\pi}{2}\right)=\dfrac{3}{5}$에서

$\sin\left(\theta-\dfrac{\pi}{2}\right)=\sin\left\{-\left(\dfrac{\pi}{2}-\theta\right)\right\}=-\sin\left(\dfrac{\pi}{2}-\theta\right)=-\cos\theta$

이므로 $-\cos\theta=\dfrac{3}{5}$

즉 $\cos\theta=-\dfrac{3}{5}$

한편, $\pi<\theta<\dfrac{3}{2}\pi$에서 $\sin\theta<0$

따라서 $\sin\theta=-\sqrt{1-\cos^2\theta}=-\sqrt{1-\left(-\dfrac{3}{5}\right)^2}=-\sqrt{\dfrac{16}{25}}=-\dfrac{4}{5}$

답 ①

07
정답률 62.3%

$\displaystyle\int_5^2 2t\,dt-\int_5^0 2t\,dt=\int_5^2 2t\,dt+\int_0^5 2t\,dt=\int_0^5 2t\,dt+\int_5^2 2t\,dt$

$\displaystyle=\int_0^2 2t\,dt=\Big[t^2\Big]_0^2=4$

답 ⑤

08
정답률 65%

함수 $f(x)$가 $x=1$에서 극솟값 -2를 가지므로

$f(1)=-2$에서 $a+b+a=-2$

$2a+b=-2$ …… ㉠

또, $f'(x)=3ax^2+b$이고 $f'(1)=0$이어야 하므로

$3a+b=0$ …… ㉡

㉠, ㉡을 연립하여 풀면 $a=2$, $b=-6$

그러므로 $f(x)=2x^3-6x+2$이므로

$f'(x)=6x^2-6=6(x+1)(x-1)$

이때 $f'(x)=0$에서 $x=-1$ 또는 $x=1$

함수 $f(x)$의 증가와 감소를 표로 나타내면 다음과 같다.

x	$\cdots$	-1	$\cdots$	1	$\cdots$
$f'(x)$	$+$	0	$-$	0	$+$
$f(x)$	↗	6	↘	-2	↗

따라서 함수 $f(x)$는 $x=-1$에서 극댓값 6을 갖는다.

답 6

09
정답률 61%

직선 $y=4x+5$와 곡선 $y=2x^4-4x+k$가 점 $\mathrm{P}(a, b)$에서 접한다

고 하고, $f(x)=2x^4-4x+k$라 하면

$f'(x)=8x^3-4$

곡선 $y=2x^4-4x+k$ 위의 점 P에서의 접선의 기울기가 4이므로

$f'(a)=8a^3-4=4$, $a^3=1$, $a=1$

이때 점 P는 직선 $y=4x+5$ 위의 점이므로 $b=4\times1+5=9$

또, 점 P는 곡선 $f(x)=2x^4-4x+k$ 위의 점이므로

$f(1)=2-4+k=9$에서 $k=11$

답 11

10
정답률 69.2%

$\displaystyle\sum_{k=1}^{10}(a_k-b_k+2)=50$에서

$\displaystyle\sum_{k=1}^{10}a_k-\sum_{k=1}^{10}b_k=30$ …… ㉠

$\displaystyle\sum_{k=1}^{10}(a_k-2b_k)=-10$에서

$\displaystyle\sum_{k=1}^{10}a_k-2\sum_{k=1}^{10}b_k=-10$ …… ㉡

㉠, ㉡에서 $\displaystyle\sum_{k=1}^{10}a_k=70$, $\displaystyle\sum_{k=1}^{10}b_k=40$

따라서 $\displaystyle\sum_{k=1}^{10}(a_k+b_k)=\sum_{k=1}^{10}a_k+\sum_{k=1}^{10}b_k=110$

답 110

11
정답률 76.3%

$f(x)=\displaystyle\int f'(x)\,dx=\int(8x^3+6x^2)\,dx$

$=2x^4+2x^3+C$ (단, C는 적분상수)

이때 $f(0)=-1$이므로 $f(0)=C=-1$

따라서 $f(x)=2x^4+2x^3-1$이므로

$f(-2)=2\times16+2\times(-8)-1=15$

답 15

1 ③	2 ⑤	3 ①	4 ①	5 ③
6 ②	7 7	8 20	9 2	10 9
11 2				

01
정답률 84.3%

$$\sum_{k=1}^{5}(a_k+1)=\sum_{k=1}^{5}a_k+\sum_{k=1}^{5}1$$
$$=\sum_{k=1}^{5}a_k+1\times5$$
$$=9$$

에서 $\sum_{k=1}^{5}a_k=9-5=4$

따라서 $\sum_{k=1}^{6}a_k=\sum_{k=1}^{5}a_k+a_6=4+4=8$

답 ③

02
정답률 75%

$x\longrightarrow0+$일 때, $f(x)\longrightarrow2$이므로 $\lim_{x\to0+}f(x)=2$

$x\longrightarrow2-$일 때, $f(x)\longrightarrow0$이므로 $\lim_{x\to2-}f(x)=0$

따라서 $\lim_{x\to0+}f(x)+\lim_{x\to2-}f(x)=2+0=2$

답 ⑤

03
정답률 66.3%

$\dfrac{\sin\theta}{1-\sin\theta}-\dfrac{\sin\theta}{1+\sin\theta}=4$에서

$\dfrac{\sin\theta(1+\sin\theta)-\sin\theta(1-\sin\theta)}{(1-\sin\theta)(1+\sin\theta)}=4$

$\dfrac{2\sin^2\theta}{1-\sin^2\theta}=4$, $\dfrac{2(1-\cos^2\theta)}{\cos^2\theta}=4$

$1-\cos^2\theta=2\cos^2\theta$

따라서 $\cos^2\theta=\dfrac{1}{3}$이고, $\dfrac{\pi}{2}<\theta<\pi$이므로

$\cos\theta=-\dfrac{\sqrt{3}}{3}$

답 ①

04
정답률 78%

$g(x)=(x^3+1)f(x)$의 양변을 x에 대하여 미분하면

$g'(x)=3x^2f(x)+(x^3+1)f'(x)$

이때 $f(1)=2$, $f'(1)=3$이므로

$g'(1)=3f(1)+2f'(1)=3\times2+2\times3=12$

답 ①

05
정답률 73%

(i) $2^x-8<0$이고 $\cos x-\dfrac{1}{2}>0$인 경우

$2^x<8$에서 $2^x<2^3$이므로 $0<x<3$ ······ ㉠

$\cos x>\dfrac{1}{2}$에서 $0<x<\dfrac{\pi}{3}$ ······ ㉡

㉠, ㉡에서 $0<x<\dfrac{\pi}{3}$

(ii) $2^x-8>0$이고 $\cos x-\dfrac{1}{2}<0$인 경우

$2^x>8$에서 $2^x>2^3$이므로 $3<x<\pi$ ······ ㉢

$\cos x<\dfrac{1}{2}$에서 $\dfrac{\pi}{3}<x<\pi$ ······ ㉣

㉢, ㉣에서 $3<x<\pi$

(i), (ii)에서 $0<x<\dfrac{\pi}{3}$ 또는 $3<x<\pi$이므로

$$(b-a)+(d-c)=\left(\dfrac{\pi}{3}-0\right)+(\pi-3)$$
$$=\dfrac{4}{3}\pi-3$$

답 ③

06
정답률 75.1%

등차수열 $\{a_n\}$의 공차를 d라 하면 $a_1=a_3+8$에서

$a_1=(a_1+2d)+8$이므로 $d=-4$

이때 $2a_4-3a_6=3$에서

$2(a_1+3d)-3(a_1+5d)=-a_1-9d$
$=-a_1+36=3$

따라서 $a_1=33$이므로

$a_n=33+(n-1)\times(-4)=-4n+37$

$a_k=-4k+37<0$에서

$k>\dfrac{37}{4}=9.25$

따라서 자연수 k의 최솟값은 10이다.

답 ②

07
정답률 49.3%

방정식 $2x^3-6x^2+k=0$ ······ ㉠

에서 $f(x)=2x^3-6x^2+k$라 하면 방정식의 실근은 함수 $y=f(x)$의 그래프와 x축이 만나는 점의 x좌표이다.

$f'(x)=6x^2-12x=6x(x-2)$

$f'(x)=0$에서 $x=0$ 또는 $x=2$

함수 $f(x)$의 증가와 감소를 표로 나타내면 다음과 같다.

x	$\cdots$	0	$\cdots$	2	$\cdots$
$f'(x)$	$+$	0	$-$	0	$+$
$f(x)$	$\nearrow$	k	$\searrow$	$k-8$	$\nearrow$

이때 ㉠이 2개의 서로 다른 양의 실근을 갖기 위해서는 함수 $y=f(x)$의 그래프가 다음 그림과 같아야 한다.

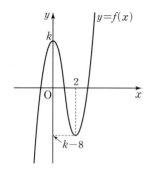

즉, 함수 $f(x)$의 극댓값은 양수이어야 하고 함수 $f(x)$의 극솟값은 음수이어야 한다.

그러므로 $k>0$이고 $k-8<0$이므로

$0<k<8$

따라서 정수 k는 1, 2, 3, 4, 5, 6, 7로 그 개수는 7이다.

답 7

08
정답률 **78%**

$f(x)=x^4-3x^2+8$에서 $f'(x)=4x^3-6x$

위 식에 $x=2$를 대입하면

$f'(2)=4\times 2^3-6\times 2=20$

답 20

09
정답률 **72.1%**

$\log_5 40+\log_5 \dfrac{5}{8}=\log_5\left(40\times\dfrac{5}{8}\right)=\log_5 25=\log_5 5^2$

$=2\log_5 5=2$

답 2

10
정답률 **72.6%**

$\displaystyle\int_0^3 x^2 dx=\left[\dfrac{1}{3}x^3\right]_0^3=9$

답 9

11
정답률 **72.0%**

$\displaystyle\sum_{k=1}^{9}(ak^2-10k)=a\sum_{k=1}^{9}k^2-10\sum_{k=1}^{9}k$

$=a\times\dfrac{9\times 10\times 19}{6}-10\times\dfrac{9\times 10}{2}$

$=285a-450=120$

$285a=570$

따라서 $a=2$

답 2

1	①	2	④	3	⑤	4	④	5	⑤
6	④	7	③	8	113	9	2	10	257
11	8								

01
정답률 **79.9%**

$x \longrightarrow 0-$일 때, $f(x) \longrightarrow -2$이므로

$\displaystyle\lim_{x\to 0-}f(x)=-2$

$x \longrightarrow 2+$일 때, $f(x) \longrightarrow 0$이므로

$\displaystyle\lim_{x\to 2+}f(x)=0$

따라서

$\displaystyle\lim_{x\to 0-}f(x)+\lim_{x\to 2+}f(x)=-2+0=-2$

답 ①

02
정답률 **87.8%**

등비수열 $\{a_n\}$의 첫째항을 a, 공비를 r이라 하면

$a_2 a_3=ar\times ar^2=a^2 r^3=2$ ······ ㉠

$a_4=ar^3=4$ ······ ㉡

㉠을 ㉡으로 나누면

$a=\dfrac{1}{2}$

이것을 ㉡에 대입하면

$\dfrac{1}{2}r^3=4$에서 $r^3=8$

r은 실수이므로

$r=2$

따라서

$a_6=ar^5=\dfrac{1}{2}\times 2^5=2^4=16$

답 ④

03
정답률 **76.8%**

함수 $f(x)$가 실수 전체의 집합에서 연속이므로 $x=3$에서도 연속이다.

즉, $\displaystyle\lim_{x\to 3-}f(x)=\lim_{x\to 3+}f(x)=f(3)$

$\displaystyle\lim_{x\to 3}\dfrac{x^2+ax+b}{x-3}$의 값이 존재하고, $x\to 3-$일 때

(분모)$\to 0$이므로 (분자)$\to 0$이어야 한다.

즉, $\lim_{x \to 3-} (x^2 + ax + b) = 0$이므로

$9 + 3a + b = 0$, $b = -3a - 9$

$\lim_{x \to 3-} \dfrac{x^2 + ax - 3a - 9}{x - 3} = \lim_{x \to 3-} \dfrac{(x-3)(x+3+a)}{x-3}$

$= \lim_{x \to 3-} (x + 3 + a)$

$= 6 + a$

한편, $\lim_{x \to 3+} f(x) = f(3) = 7$이므로

$6 + a = 7$

따라서 $a = 1$, $b = -12$이므로

$a - b = 13$

답 ⑤

04

$\sin(-\theta) = -\sin\theta$이므로

$\sin(-\theta) = \dfrac{1}{7}\cos\theta$에서 $-\sin\theta = \dfrac{1}{7}\cos\theta$

즉, $\cos\theta = -7\sin\theta$

이때 $\sin^2\theta + \cos^2\theta = 1$이므로

$\sin^2\theta + 49\sin^2\theta = 1$

$\sin^2\theta = \dfrac{1}{50}$

한편, $\cos\theta < 0$이므로 $\sin\theta = -\dfrac{1}{7}\cos\theta > 0$

따라서 $\sin\theta = \sqrt{\dfrac{1}{50}} = \dfrac{1}{5\sqrt{2}} = \dfrac{\sqrt{2}}{10}$

답 ④

05

$f(x) = x^3 - 3x + a$에서

$f'(x) = 3x^2 - 3 = 3(x+1)(x-1)$

$f'(x) = 0$에서

$x = -1$ 또는 $x = 1$

함수 $f(x)$의 증가와 감소를 표로 나타내면 다음과 같다.

x	$\cdots$	-1	$\cdots$	1	$\cdots$
$f'(x)$	$+$	0	$-$	0	$+$
$f(x)$	↗	극대	↘	극소	↗

함수 $f(x)$는 $x = -1$에서 극대, $x = 1$에서 극소이다.

이때 함수 $f(x)$는 $x = -1$에서 극댓값 7을 가지므로

$f(-1) = -1 + 3 + a = 7$, $2 + a = 7$

따라서 $a = 5$

답 ⑤

06

등차수열 $\{a_n\}$의 첫째항과 공차가 같으므로 $a_1 = a$라 하면

$a_n = a + (n-1) \times a = an$

한편, $\sum_{k=1}^{15} \dfrac{1}{\sqrt{a_k} + \sqrt{a_{k+1}}} = 2$에서

$\sum_{k=1}^{15} \dfrac{1}{\sqrt{a_k} + \sqrt{a_{k+1}}}$

$= \sum_{k=1}^{15} \dfrac{1}{\sqrt{ak} + \sqrt{a(k+1)}}$

$= \sum_{k=1}^{15} \dfrac{\sqrt{a(k+1)} - \sqrt{ak}}{a}$

$= \dfrac{1}{a} \sum_{k=1}^{15} (\sqrt{a(k+1)} - \sqrt{ak})$

$= \dfrac{1}{a} \{ (\sqrt{2a} - \sqrt{a}) + (\sqrt{3a} - \sqrt{2a}) + \cdots + (\sqrt{16a} - \sqrt{15a}) \}$

$= \dfrac{1}{a} (4\sqrt{a} - \sqrt{a})$

$= \dfrac{3\sqrt{a}}{a}$

$= \dfrac{3}{\sqrt{a}} = 2$

즉, $\sqrt{a} = \dfrac{3}{2}$, $a = \dfrac{9}{4}$

따라서 $a_4 = 4a = 4 \times \dfrac{9}{4} = 9$

답 ④

07

함수 $y = |x^2 - 2x| + 1$의 그래프와 x축, y축 및 직선 $x = 2$로 둘러싸인 부분의 넓이는

$\displaystyle\int_0^2 (|x^2 - 2x| + 1)\,dx = \int_0^2 (-x^2 + 2x + 1)\,dx$

$= \left[-\dfrac{1}{3}x^3 + x^2 + x \right]_0^2$

$= -\dfrac{8}{3} + 4 + 2$

$= \dfrac{10}{3}$

답 ③

08

$\sum_{k=1}^{10} a_k = A$, $\sum_{k=1}^{9} a_k = B$라 하면

$\sum_{k=1}^{9} 2a_k = 2\sum_{k=1}^{9} a_k = 2B$

$A + B = 137$, $A - 2B = 101$

에서 $A = 125$, $B = 12$이다.

따라서 $a_{10} = \sum_{k=1}^{10} a_k - \sum_{k=1}^{9} a_k = A - B = 113$

답 113

09

$f(x)=x^4+ax^2+b$에서 $f'(x)=4x^3+2ax$

함수 $f(x)$가 $x=1$에서 극소이므로

$f'(1)=4+2a=0$에서 $a=-2$

$f'(x)=4x^3-4x=4x(x+1)(x-1)$

이므로 $f'(x)=0$에서

$x=-1$ 또는 $x=0$ 또는 $x=1$

함수 $f(x)$의 증가와 감소를 표로 나타내면 다음과 같다.

x	$\cdots$	-1	$\cdots$	0	$\cdots$	1	$\cdots$
$f'(x)$	$-$	0	$+$	0	$-$	0	$+$
$f(x)$	$\searrow$	극소	$\nearrow$	극대	$\searrow$	극소	$\nearrow$

함수 $f(x)$는 $x=0$에서 극댓값 4를 가지므로

$f(0)=b=4$

따라서 $a+b=(-2)+4=2$

답 2

10

(i) $x\neq1$일 때

$\quad f(x)=(1+x^4+x^8+x^{12})(1+x+x^2+x^3)$

$\quad\quad =\dfrac{(x^4)^4-1}{x^4-1}\times\dfrac{x^4-1}{x-1}=\dfrac{x^{16}-1}{x-1}$

(ii) $x=1$일 때

$\quad f(1)=4\times4=16$

(i), (ii)에 의하여

$\dfrac{f(2)}{\{f(1)-1\}\{f(1)+1\}}=\dfrac{2^{16}-1}{(16-1)(16+1)}$

$\quad\quad =\dfrac{(2^8-1)(2^8+1)}{(2^4-1)(2^4+1)}=\dfrac{(2^8-1)(2^8+1)}{2^8-1}$

$\quad\quad =2^8+1$

$\quad\quad =257$

답 257

11

$f(x)=\displaystyle\int f'(x)dx=\int(-x^3+3)dx$

$\quad\quad =-\dfrac{1}{4}x^4+3x+C$ (단, C는 적분상수)

이때 $f(2)=10$이므로

$f(2)=-\dfrac{1}{4}\times2^4+3\times2+C=10$에서 $C=8$

따라서 $f(x)=-\dfrac{1}{4}x^4+3x+8$이므로

$f(0)=8$

답 8

1 ②	2 ①	3 ②	4 ⑤	5 ②
6 ③	7 ⑤	8 5	9 9	10 15
11 6				

01

$x\longrightarrow1+$일 때, $f(x)\longrightarrow1$이므로

$\displaystyle\lim_{x\to1+}f(x)=1$

$x\longrightarrow3-$일 때, $f(x)\longrightarrow2$이므로

$\displaystyle\lim_{x\to3-}f(x)=2$

따라서

$\displaystyle\lim_{x\to1+}f(x)-\lim_{x\to3-}f(x)=1-2=-1$

답 ②

02

$\displaystyle\int_0^a(3x^2-4)dx=\Big[x^3-4x\Big]_0^a=0$

$a^3-4a=0$에서

$a(a^2-4)=0$

$a(a+2)(a-2)=0$

따라서 $a=-2$ 또는 $a=0$ 또는 $a=2$

이때 $a>0$이므로

$a=2$

답 ①

03

$\displaystyle\sum_{k=1}^{10}(2a_k+3)=2\sum_{k=1}^{10}a_k+\sum_{k=1}^{10}3$

$\quad\quad =2\sum_{k=1}^{10}a_k+3\times10$

$\quad\quad =2\sum_{k=1}^{10}a_k+30$

이므로

$2\sum_{k=1}^{10}a_k+30=60,\ 2\sum_{k=1}^{10}a_k=30$

따라서 $\sum_{k=1}^{10}a_k=15$

답 ②

04

$f(x)=x^3-3x^2+k$에서

$f'(x)=3x^2-6x$

$\qquad =3x(x-2)$

이므로 $f'(x)=0$에서

$x=0$ 또는 $x=2$

함수 $f(x)$의 증가와 감소를 표로 나타내면 다음과 같다.

x	$\cdots$	0	$\cdots$	2	$\cdots$
$f'(x)$	$+$	0	$-$	0	$+$
$f(x)$	$\nearrow$	극대	$\searrow$	극소	$\nearrow$

주어진 조건에 의하여 함수 $f(x)$의 극댓값이 9이므로

$f(0)=k=9$

따라서

$f(x)=x^3-3x^2+9$

이고 함수 $f(x)$의 극솟값은 $f(2)$이므로 구하는 극솟값은

$f(2)=2^3-3\times2^2+9=5$

답 ⑤

05

$\cos(\pi+\theta)=\dfrac{2\sqrt5}{5}$에서

$\cos(\pi+\theta)=-\cos\theta$이므로

$-\cos\theta=\dfrac{2\sqrt5}{5}$, 즉 $\cos\theta=-\dfrac{2\sqrt5}{5}$

$\dfrac{\pi}{2}<\theta<\pi$에서 $\sin\theta>0$이므로

$\sin\theta=\sqrt{1-\cos^2\theta}$

$\qquad=\sqrt{1-\left(-\dfrac{2\sqrt5}{5}\right)^2}=\sqrt{\dfrac15}=\dfrac{\sqrt5}{5}$

따라서

$\sin\theta+\cos\theta=\dfrac{\sqrt5}{5}+\left(-\dfrac{2\sqrt5}{5}\right)=-\dfrac{\sqrt5}{5}$

답 ②

06

$x^2-nx+4(n-4)=0$에서

$(x-4)(x-n+4)=0$

$x=4$ 또는 $x=n-4$

한편, 세 수 1, α, β가 이 순서대로 등차수열을 이루므로

$2\alpha=\beta+1$ ⋯⋯ ㉠

이때 다음 각 경우로 나눌 수 있다.

(i) $\alpha=4$이고 $\beta=n-4$인 경우

$\alpha<\beta$이므로

$n>8$

또, ㉠에서

$8=(n-4)+1$

$n=11$

그러므로 조건을 만족시킨다.

(ii) $\alpha=n-4$이고 $\beta=4$인 경우

$\alpha<\beta$이므로

$n<8$

또, ㉠에서

$2(n-4)=4+1$

$n=\dfrac{13}{2}$

n은 자연수가 아니므로 조건을 만족시키지 못한다.

(i), (ii)에서 구하는 자연수 n의 값은 11이다.

답 ③

07

부등식 $f(x)\le g(x)$에서 $g(x)-f(x)\ge0$

$\dfrac13x^3-2x^2+a-(-x^4-x^3+2x^2)\ge0$

즉, $x^4+\dfrac43x^3-4x^2+a\ge0$

이때 $h(x)=x^4+\dfrac43x^3-4x^2+a$라고 하면

$h'(x)=4x^3+4x^2-8x=4x(x+2)(x-1)$

$h'(x)=0$에서 $x=-2$ 또는 $x=0$ 또는 $x=1$

함수 $h(x)$의 증가와 감소를 표로 나타내면 다음과 같다.

x	$\cdots$	-2	$\cdots$	0	$\cdots$	1	$\cdots$
$h'(x)$	$-$	0	$+$	0	$-$	0	$+$
$h(x)$	$\searrow$	$a-\dfrac{32}{3}$	$\nearrow$	a	$\searrow$	$a-\dfrac53$	$\nearrow$

함수 $h(x)$는 $x=-2$에서 최솟값 $a-\dfrac{32}{3}$를 갖는다.

이때 $h(x)\ge0$이므로 $a-\dfrac{32}{3}\ge0$에서 $a\ge\dfrac{32}{3}$

따라서 실수 a의 최솟값은 $\dfrac{32}{3}$이다.

답 ⑤

08

$\log_2 96+\log_{\frac14}9=\log_2(2^5\times3)+\log_{2^{-2}}3^2$

$\qquad\qquad\qquad\quad=5+\log_2 3-\log_2 3$

$\qquad\qquad\qquad\quad=5$

답 5

09

정답률 **69.0%**

$\sum\limits_{k=1}^{10} a_k = \sum\limits_{k=1}^{10} (2b_k - 1) = 2\sum\limits_{k=1}^{10} b_k - 10$ ...... ㉠

$\sum\limits_{k=1}^{10} (3a_k + b_k) = 33$에서

$3\sum\limits_{k=1}^{10} a_k + \sum\limits_{k=1}^{10} b_k = 33$

$\sum\limits_{k=1}^{10} b_k = -3\sum\limits_{k=1}^{10} a_k + 33$ ...... ㉡

㉠을 ㉡에 대입하면

$\sum\limits_{k=1}^{10} b_k = -3\left(2\sum\limits_{k=1}^{10} b_k - 10\right) + 33$

$\sum\limits_{k=1}^{10} b_k = -6\sum\limits_{k=1}^{10} b_k + 63$

$7\sum\limits_{k=1}^{10} b_k = 63$

따라서 $\sum\limits_{k=1}^{10} b_k = 9$

답 9

10

정답률 **78.4%**

$f(x) = x^3 - 2x^2 + 4$에서

$f'(x) = 3x^2 - 4x$

위 식에 $x=3$을 대입하면

$f'(3) = 3 \times 3^2 - 4 \times 3 = 15$

답 15

11

정답률 **73.3%**

로그의 진수 조건에 의하여

$x - 1 > 0,\ 13 + 2x > 0$

이어야 하므로

$x > 1,\ x > -\dfrac{13}{2}$에서

$x > 1$ ...... ㉠

$\log_2 (x-1) = \log_4 (13 + 2x)$에서

$\log_2 (x-1) = \dfrac{1}{2}\log_2 (13 + 2x)$

$2\log_2 (x-1) = \log_2 (13 + 2x)$

$\log_2 (x-1)^2 = \log_2 (13 + 2x)$

$(x-1)^2 = 13 + 2x$

$x^2 - 4x - 12 = 0$

$(x+2)(x-6) = 0$

따라서 $x = -2$ 또는 $x = 6$ ...... ㉡

㉠, ㉡에 의하여 $x = 6$

답 6

---

1 ②	2 ③	3 ①	4 ⑤	5 ③
6 ③	7 80	8 2	9 6	10 427
11 9				

01

정답률 **74.8%**

$x \longrightarrow -1+$일 때, $f(x) \longrightarrow 0$이므로

$\lim\limits_{x \to -1+} f(x) = 0$

$x \longrightarrow 1-$일 때, $f(x) \longrightarrow 2$이므로

$\lim\limits_{x \to 1-} f(x) = 2$

따라서 $\lim\limits_{x \to -1+} f(x) + \lim\limits_{x \to 1-} f(x) = 0 + 2 = 2$

답 ②

02

정답률 **78.3%**

진수 조건에서

$x^2 - 7x > 0,\ x + 5 > 0$

$-5 < x < 0$ 또는 $x > 7$ ...... ㉠

$\log_2 (x^2 - 7x) - \log_2 (x+5) \le 1$에서

$\log_2 (x^2 - 7x) \le \log_2 (x+5) + 1$

$\log_2 (x^2 - 7x) \le \log_2 (x+5) + \log_2 2$

$\log_2 (x^2 - 7x) \le \log_2 2(x+5)$

$x^2 - 7x \le 2x + 10$

$x^2 - 9x - 10 \le 0$

$(x+1)(x-10) \le 0$

$-1 \le x \le 10$ ...... ㉡

㉠, ㉡에서 $-1 \le x < 0$ 또는 $7 < x \le 10$

따라서 부등식을 만족시키는 정수 x는 $-1,\ 8,\ 9,\ 10$이므로

그 합은 $(-1) + 8 + 9 + 10 = 26$이다.

답 ③

03

정답률 **75.4%**

함수 $f(x)$가 실수 전체의 집합에서 연속이려면 $x=a$에서 연속이어야 한다.

즉, $\lim\limits_{x \to a-} f(x) = \lim\limits_{x \to a+} f(x) = f(a)$가 성립해야 한다.

$\lim\limits_{x \to a-} f(x) = \lim\limits_{x \to a-} (-2x + a) = -2a + a = -a$

$\lim\limits_{x \to a+} f(x) = \lim\limits_{x \to a+} (ax - 6) = a^2 - 6$

$f(a) = -2a + a = -a$

이므로 $\lim\limits_{x \to a-} f(x) = \lim\limits_{x \to a+} f(x) = f(a)$에서

$-a = a^2 - 6$

$a^2+a-6=0$, $(a+3)(a-2)=0$
$a=-3$ 또는 $a=2$
따라서 구하는 모든 상수 a의 값의 합은
$(-3)+2=-1$

답 ①

04
정답률 67.3%

$\cos(\pi-\theta)=-\cos\theta$이므로
$\sin\theta=-2\cos\theta$, $\cos\theta=-\dfrac{\sin\theta}{2}$
위 식을 $\sin^2\theta+\cos^2\theta=1$에 대입하면
$\sin^2\theta+\dfrac{\sin^2\theta}{4}=1$
$\sin^2\theta=\dfrac{4}{5}$
$\dfrac{\pi}{2}<\theta<\pi$이므로 $\sin\theta=\dfrac{2\sqrt{5}}{5}$
따라서
$\cos\theta\tan\theta=\cos\theta\times\dfrac{\sin\theta}{\cos\theta}=\sin\theta=\dfrac{2\sqrt{5}}{5}$

답 ⑤

05
정답률 86.8%

함수 $f(x)=\begin{cases}(x-a)^2 & (x<4)\\ 2x-4 & (x\geq4)\end{cases}$

가 $x=4$에서 연속이면 함수 $f(x)$는 실수 전체의 집합에서 연속이다.
함수 $f(x)$가 $x=4$에서 연속이면
$\displaystyle\lim_{x\to4-}f(x)=\lim_{x\to4+}f(x)=f(4)$
이다. 이때
$\displaystyle\lim_{x\to4-}f(x)=\lim_{x\to4-}(x-a)^2$
$\qquad\qquad=(4-a)^2$
$\qquad\qquad=a^2-8a+16$
$\displaystyle\lim_{x\to4+}f(x)=\lim_{x\to4+}(2x-4)=4$
$f(4)=4$
이므로
$a^2-8a+16=4$
$a^2-8a+12=0$
$(a-2)(a-6)=0$
$a=2$ 또는 $a=6$
따라서 조건을 만족시키는 모든 상수 a의 값의 곱은
$2\times6=12$

답 ③

06
정답률 71%

함수 $y=\log_2(x-a)$의 그래프의 점근선은 직선 $x=a$이다.
곡선 $y=\log_2\dfrac{x}{4}$와 직선 $x=a$가 만나는 점 A의 좌표는
$\left(a,\ \log_2\dfrac{a}{4}\right)$이고, 곡선 $y=\log_{\frac{1}{2}}x$와 직선 $x=a$가 만나는 점 B의
좌표는 $(a,\ \log_{\frac{1}{2}}a)$이다.
한편, $a>2$에서
$\log_2\dfrac{a}{4}>\log_2\dfrac{2}{4}=-1$, $\log_{\frac{1}{2}}a<\log_{\frac{1}{2}}2=-1$
이므로 $\log_2\dfrac{a}{4}>\log_{\frac{1}{2}}a$
이때
$\overline{\text{AB}}=\log_2\dfrac{a}{4}-\log_{\frac{1}{2}}a$
$\qquad=(\log_2 a-2)+\log_2 a$
$\qquad=2\log_2 a-2$
이고, $\overline{\text{AB}}=4$이므로
$2\log_2 a-2=4$, $\log_2 a=3$
따라서 $a=2^3=8$

답 ③

07
정답률 46.3%

$f(0)=2$, $f(2)=2a$
$f'(x)=3x^2-5x+a$에서
$f'(0)=a$, $f'(2)=a+2$
직선 l의 방정식은 $y=f'(0)x+f(0)$
$y=ax+2$ $\qquad\cdots\cdots$ ㉠
직선 m의 방정식은 $y=f'(2)(x-2)+f(2)$
$y=(a+2)x-4$ $\qquad\cdots\cdots$ ㉡
㉠, ㉡에서 두 직선 l, m이 만나는 점의 좌표는
$(3,\ 3a+2)$이고 이 점이 x축 위에 있으므로
$3a+2=0$
$a=-\dfrac{2}{3}$이므로 $f(2)=2\times\left(-\dfrac{2}{3}\right)=-\dfrac{4}{3}$
따라서 $60\times|f(2)|=60\times\left|-\dfrac{4}{3}\right|=80$

답 80

08
정답률 73.1%

$3^{x-8}=\left(\dfrac{1}{27}\right)^x$에서
$3^{x-8}=(3^{-3})^x$, $3^{x-8}=3^{-3x}$
즉, $x-8=-3x$, $4x=8$
따라서 $x=2$

답 2

09

정답률 50.2%

$f(x)=x^3+ax^2-(a^2-8a)x+3$에서

$f'(x)=3x^2+2ax-(a^2-8a)$

함수 $f(x)$가 실수 전체의 집합에서 증가하려면

$f'(x)\geq0$

이어야 한다.

이때 이차방정식 $f'(x)=0$의 판별식을 D라 하면 $D\leq0$이어야 하므로

$D=(2a)^2-4\times3\times(-a^2+8a)$

$\quad=16a^2-96a$

$\quad=16a(a-6)\leq0$

즉, $0\leq a\leq6$

따라서 실수 a의 최댓값은 6이다.

답 6

10

정답률 55%

$x^2-5nx+4n^2=0$에서

$(x-n)(x-4n)=0$

$x=n$ 또는 $x=4n$

따라서

$\sum_{n=1}^{7}(1-\alpha_n)(1-\beta_n)=\sum_{n=1}^{7}(1-n)(1-4n)$

$\qquad\qquad\qquad\qquad=\sum_{n=1}^{7}(1-5n+4n^2)$

$\qquad\qquad\qquad\qquad=7-5\times\frac{7\times8}{2}+4\times\frac{7\times8\times15}{6}$

$\qquad\qquad\qquad\qquad=427$

답 427

11

정답률 68.9%

$f(x)=\int f'(x)dx=\int(x^3+x)dx$

$\qquad\quad=\frac{1}{4}x^4+\frac{1}{2}x^2+C$ (단, C는 적분상수)

이때 $f(0)=3$이므로

$f(0)=C=3$

따라서 $f(x)=\frac{1}{4}x^4+\frac{1}{2}x^2+3$이므로

$f(2)=\frac{1}{4}\times2^4+\frac{1}{2}\times2^2+3$

$\qquad=9$

답 9

[15회]

본문 74~78쪽

1 ②	2 ③	3 ①	4 ①	5 ④
6 ③	7 ④	8 22	9 6	10 86
11 9				

01

정답률 73%

함수 $(x^2+ax+b)f(x)$가 $x=1$에서 연속이므로

$\lim\limits_{x\to1-}(x^2+ax+b)f(x)=\lim\limits_{x\to1+}(x^2+ax+b)f(x)$

주어진 그래프에서

$\lim\limits_{x\to1-}f(x)=1$, $\lim\limits_{x\to1+}f(x)=3$이므로

$\lim\limits_{x\to1-}(x^2+ax+b)f(x)=(1+a+b)\times1=1+a+b$,

$\lim\limits_{x\to1+}(x^2+ax+b)f(x)=(1+a+b)\times3=3(1+a+b)$

에서 $1+a+b=3(1+a+b)$

$2a+2b=-2$

따라서 $a+b=-1$

답 ②

02

정답률 78.8%

$g(x)=x^2f(x)$에서 양변을 x에 대하여 미분하면

$g'(x)=2xf(x)+x^2f'(x)$

이때 $f(2)=1$, $f'(2)=3$이므로

$g'(2)=4f(2)+4f'(2)$

$\qquad=4\times1+4\times3$

$\qquad=16$

답 ③

03

정답률 69.8%

$\cos\theta\tan\theta=\cos\theta\times\frac{\sin\theta}{\cos\theta}=\sin\theta=\frac{1}{2}$

$\frac{\pi}{2}<\theta<\pi$이므로

$\theta=\frac{5}{6}\pi$

따라서

$\cos\theta+\tan\theta=\cos\frac{5}{6}\pi+\tan\frac{5}{6}\pi$

$\qquad\qquad\qquad=-\frac{\sqrt{3}}{2}+\left(-\frac{\sqrt{3}}{3}\right)$

$\qquad\qquad\qquad=-\frac{5\sqrt{3}}{6}$

답 ①

04
정답률 59.8%

$y=x^3-4x+5$에서

$y'=3x^2-4$

이므로 점 $(1, 2)$에서의 접선의 방정식은

$y-2=-(x-1)$

$y=-x+3$ ······ ㉠

또한, $y=x^4+3x+a$에서

$y'=4x^3+3$

이고 곡선 $y=x^4+3x+a$와 직선 ㉠이 접하므로 접점의 x좌표는

$4x^3+3=-1$, $x^3=-1$

$x=-1$

따라서 접점의 좌표는 $(-1, 4)$이고 이 점은 곡선 $y=x^4+3x+a$ 위의 점이므로

$4=1-3+a$

$a=6$

답 ①

05
정답률 75.4%

$S_4-S_2=a_3+a_4$이므로

$a_3+a_4=3a_4$, $a_3=2a_4$

등비수열 $\{a_n\}$의 공비를 r이라 하면

$a_5=\dfrac{3}{4}$에서 $r\neq0$이고

$a_3=2a_4$에서 $r=\dfrac{a_4}{a_3}=\dfrac{1}{2}$

$a_5=a_1\times r^4$에서

$a_1=a_5\times\dfrac{1}{r^4}=\dfrac{3}{4}\times2^4=12$

$a_5=a_2\times r^3$에서

$a_2=a_5\times\dfrac{1}{r^3}=\dfrac{3}{4}\times2^3=6$

따라서 $a_1+a_2=12+6=18$

답 ④

06
정답률 67%

두 곡선 $y=2x^2-1$, $y=x^3-x^2+k$가 만나는 점의 개수가 2가 되려면 방정식 $2x^2-1=x^3-x^2+k$, 즉

$-x^3+3x^2-1=k$ ······ ㉠

이 서로 다른 두 실근을 가져야 한다.

방정식 ㉠이 서로 다른 두 실근을 가지려면 곡선 $y=-x^3+3x^2-1$ 과 직선 $y=k$가 서로 다른 두 점에서 만나야 한다.

$f(x)=-x^3+3x^2-1$이라 하면

$f'(x)=-3x^2+6x$

$\qquad\;\;=-3x(x-2)$

$f'(x)=0$에서

$x=0$ 또는 $x=2$

함수 $f(x)$의 증가와 감소를 표로 나타내면 다음과 같다.

x	$\cdots$	0	$\cdots$	2	$\cdots$
$f'(x)$	$-$	0	$+$	0	$-$
$f(x)$	↘	극소	↗	극대	↘

함수 $f(x)$는 $x=0$에서 극솟값 $f(0)=-1$을 가지고, $x=2$에서 극 댓값 $f(2)=3$을 가지고, 함수 $y=f(x)$의 그래프는 다음 그림과 같 다.

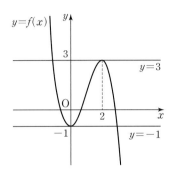

따라서 함수 $y=f(x)$의 그래프와 직선 $y=k$가 서로 다른 두 점에 서 만나도록 하는 양수 k의 값은 3이다.

답 ③

07
정답률 73%

$a_{n+1}=-(-1)^n\times a_n+2^n$

$\qquad\;\;=(-1)^{n+1}\times a_n+2^n$

이므로

$a_2=(-1)^2\times a_1+2^1=1+2=3$

$a_3=(-1)^3\times a_2+2^2=-3+4=1$

$a_4=(-1)^4\times a_3+2^3=1+8=9$

따라서

$a_5=(-1)^5\times a_4+2^4=-9+16=7$

답 ④

08
정답률 72.2%

$\displaystyle\sum_{k=1}^{5}(3a_k+5)=55$에서 $3\displaystyle\sum_{k=1}^{5}a_k+\sum_{k=1}^{5}5=55$

$3\displaystyle\sum_{k=1}^{5}a_k+5\times5=55$

$\displaystyle\sum_{k=1}^{5}a_k=10$

$\displaystyle\sum_{k=1}^{5}(a_k+b_k)=32$에서 $\displaystyle\sum_{k=1}^{5}a_k+\sum_{k=1}^{5}b_k=32$

따라서

$\displaystyle\sum_{k=1}^{5}b_k=-\sum_{k=1}^{5}a_k+32=-10+32=22$

답 22

09

정답률 78.1%

$A(1, 0)$, $B(k, \log_2 k)$, $C(k, \log_{\frac{1}{2}} k)$이므로 삼각형 ACB의 무게중심의 좌표는

$\left(\dfrac{2k+1}{3}, 0 \right)$

이때 무게중심의 좌표는 $(3, 0)$이므로

$\dfrac{2k+1}{3} = 3$에서 $k=4$

따라서 $B(4, 2)$, $C(4, -2)$이므로 삼각형 ACB의 넓이는

$\dfrac{1}{2} \times 4 \times 3 = 6$

답 6

10

정답률 63.3%

$\displaystyle\int_1^3 (4x^3 - 6x + 4)\,dx + \int_1^3 (6x-1)\,dx$

$= \displaystyle\int_1^3 (4x^3 + 3)\,dx$

$= \Big[x^4 + 3x \Big]_1^3$

$= 90 - 4$

$= 86$

답 86

11

정답률 61.1%

$\displaystyle\sum_{k=1}^{10} (a_k + 2b_k) = 45$에서

$\displaystyle\sum_{k=1}^{10} a_k + 2\sum_{k=1}^{10} b_k = 45$ ...... ㉠

$\displaystyle\sum_{k=1}^{10} (a_k - b_k) = 3$에서

$\displaystyle\sum_{k=1}^{10} a_k - \sum_{k=1}^{10} b_k = 3$ ...... ㉡

㉠, ㉡에서

$3\displaystyle\sum_{k=1}^{10} b_k = 42$

즉, $\displaystyle\sum_{k=1}^{10} b_k = 14$

따라서

$\displaystyle\sum_{k=1}^{10} \left(b_k - \dfrac{1}{2} \right) = \sum_{k=1}^{10} b_k - \sum_{k=1}^{10} \dfrac{1}{2}$

$= 14 - 10 \times \dfrac{1}{2}$

$= 9$

답 9

(**16**회) 본문 79~83쪽

1 ①	**2** ①	**3** ④	**4** ②	**5** ③
6 ③	**7** ④	**8** 3	**9** 4	**10** 64
11 6				

01

정답률 84.9%

함수 $f(x)$가 $x=3$에서 연속이므로

$\displaystyle\lim_{x \to 3-} f(x) = \lim_{x \to 3+} f(x) = f(3)$

$\displaystyle\lim_{x \to 3-} f(x) = \lim_{x \to 3-} (2x+a) = 6+a$,

$\displaystyle\lim_{x \to 3+} f(x) = f(3) = 2-a$

이므로 $6+a = 2-a$

$a = -2$

답 ①

02

정답률 55.9%

점 A의 좌표는 $(t, 3^{2-t}+8)$

점 B의 좌표는 $(t, 0)$,

점 C의 좌표는 $(t+1, 0)$

점 D의 좌표는 $(t+1, 3^t)$

이때 사각형 ABCD가 직사각형이므로 점 A의 y좌표와 점 D의 y좌표가 같아야 한다.

즉, $3^{2-t}+8 = 3^t$

$(3^t)^2 - 8 \times 3^t - 9 = 0$, $(3^t + 1)(3^t - 9) = 0$

그런데 $3^t > 0$이므로

$3^t = 9 = 3^2$에서 $t=2$

따라서 직사각형 ABCD의 가로의 길이는 1이고 세로의 길이는 $3^2 = 9$이므로 직사각형 ABCD의 넓이는

$1 \times 9 = 9$

답 ①

03

정답률 68.9%

함수 $f(x)$가 $x=a$를 제외한 실수 전체의 집합에서 연속이므로 함수 $\{f(x)\}^2$이 $x=a$에서 연속이면 함수 $\{f(x)\}^2$은 실수 전체의 집합에서 연속이다.

함수 $\{f(x)\}^2$이 $x=a$에서 연속이려면

$\displaystyle\lim_{x \to a+} \{f(x)\}^2 = \lim_{x \to a-} \{f(x)\}^2 = \{f(a)\}^2$

이어야 한다. 이때

$\displaystyle\lim_{x \to a+} \{f(x)\}^2 = \lim_{x \to a+} (2x-a)^2 = a^2$

$\displaystyle\lim_{x \to a-} \{f(x)\}^2 = \lim_{x \to a-} (-2x+6)^2 = (-2a+6)^2$

$\{f(a)\}^2=(2a-a)^2=a^2$

이므로

$a^2=(-2a+6)^2$에서

$3(a-2)(a-6)=0$

$a=2$ 또는 $a=6$

따라서 모든 상수 a의 값의 합은

$2+6=8$

답 ④

정답률 **68.5%**

$\sin(-\theta)=-\sin\theta=\dfrac{1}{3}$에서 $\sin\theta=-\dfrac{1}{3}$

$\dfrac{3}{2}\pi<\theta<2\pi$이므로

$\cos\theta=\sqrt{1-\sin^2\theta}=\sqrt{1-\dfrac{1}{9}}=\dfrac{2\sqrt{2}}{3}$

따라서 $\tan\theta=\dfrac{\sin\theta}{\cos\theta}=-\dfrac{1}{2\sqrt{2}}=-\dfrac{\sqrt{2}}{4}$

답 ②

05 정답률 **83.7%**

$g(x)=(x^2+3)f(x)$에서

$g'(x)=2xf(x)+(x^2+3)f'(x)$

따라서 $f(1)=2$, $f'(1)=1$이므로

$g'(1)=2f(1)+4f'(1)$

$\quad\quad=2\times2+4\times1$

$\quad\quad=8$

답 ③

06 정답률 **84%**

등비수열 $\{a_n\}$의 모든 항이 양수이므로 공비를 $r\,(r>0)$이라 하면

$a_2+a_3=a_1r+a_1r^2=\dfrac{1}{4}r+\dfrac{1}{4}r^2=\dfrac{3}{2}$

$r^2+r-6=0$, $(r+3)(r-2)=0$

$r>0$이므로 $r=2$

따라서

$a_6+a_7=a_1r^5+a_1r^6$

$\quad\quad=\dfrac{1}{4}\times2^5+\dfrac{1}{4}\times2^6$

$\quad\quad=24$

답 ③

07 정답률 **77.1%**

$\displaystyle\int_{-3}^{3}(x^3+4x^2)dx+\int_{3}^{-3}(x^3+x^2)dx$

$=\displaystyle\int_{-3}^{3}(x^3+4x^2)dx-\int_{-3}^{3}(x^3+x^2)dx$

$=\displaystyle\int_{-3}^{3}(x^3+4x^2-x^3-x^2)dx$

$=\displaystyle\int_{-3}^{3}3x^2dx$

$=\Big[x^3\Big]_{-3}^{3}$

$=3^3-(-3)^3$

$=27-(-27)$

$=54$

답 ④

08 정답률 **78.1%**

$\log_2 120-\dfrac{1}{\log_{15}2}$

$=\log_2 120-\log_2 15$

$=\log_2 \dfrac{120}{15}$

$=\log_2 8$

$=\log_2 2^3$

$=3\log_2 2$

$=3$

답 3

09 정답률 **57%**

두 곡선 $y=3x^3-7x^2$, $y=-x^2$이 만나는 점의 x좌표는

$3x^3-7x^2=-x^2$에서

$3x^3-6x^2=0$

$3x^2(x-2)=0$

$x=0$ 또는 $x=2$

이때 두 함수 $y=3x^3-7x^2$, $y=-x^2$의 그래프는 다음 그림과 같다.

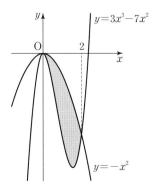

따라서 두 곡선 $y=3x^3-7x^2$, $y=-x^2$으로 둘러싸인 부분의 넓이는

$\int_0^2 \{(-x^2)-(3x^3-7x^2)\}\,dx$

$=\int_0^2 (-3x^3+6x^2)\,dx$

$=\left[-\dfrac{3}{4}x^4+2x^3\right]_0^2$

$=-12+16$

$=4$

달 4

10

정답률 43.8%

$a_1=1$이므로 등비수열 $\{a_n\}$의 공비를 r이라 하면

$a_n=1\times r^{n-1}=r^{n-1}$

이때

$\dfrac{S_6}{S_3}=\dfrac{\dfrac{r^6-1}{r-1}}{\dfrac{r^3-1}{r-1}}=\dfrac{r^6-1}{r^3-1}$

$\qquad =\dfrac{(r^3+1)(r^3-1)}{r^3-1}$

$\qquad =r^3+1 \qquad \cdots\cdots \ \text{㉠}$

또,

$2a_4-7=2r^3-7 \qquad \cdots\cdots \ \text{㉡}$

㉠과 ㉡이 같아야 하므로

$r^3+1=2r^3-7$

$r^3=8$

$r=2$

따라서 $a_7=2^6=64$

달 64

11

정답률 51.8%

시각 t에서 점 P의 위치를 $x(t)$라 하면

$x(t)=0+\int_0^t v(t)\,dt$

$\qquad =\int_0^t (3t^2-4t+k)\,dt$

$\qquad =\left[t^3-2t^2+kt\right]_0^t$

$\qquad =t^3-2t^2+kt$

이때 $x(1)=-3$에서

$-1+k=-3$, $k=-2$

$x(t)=t^3-2t^2-2t$이므로

$x(3)=27-18-6=3$

따라서 시각 $t=1$에서 $t=3$까지 점 P의 위치의 변화량은

$x(3)-x(1)=3-(-3)=6$

달 6

1 ⑤	2 ③	3 ④	4 ②	5 ①
6 ①	7 ①	8 15	9 6	10 10
11 6				

01

정답률 70.9%

$x \longrightarrow 1+$ 일 때, $f(x) \longrightarrow 2$이므로

$\displaystyle\lim_{x\to 1+} f(x)=2$

$x \longrightarrow 0-$ 일 때, $f(x) \longrightarrow 4$이므로

$\displaystyle\lim_{x\to 0-} f(x)=4$

$\displaystyle\lim_{x\to 0-} (x-1)=-1$

따라서

$\displaystyle\lim_{x\to 1+} f(x)-\lim_{x\to 0-}\dfrac{f(x)}{x-1}$

$=\displaystyle\lim_{x\to 1+} f(x)-\dfrac{\displaystyle\lim_{x\to 0-} f(x)}{\displaystyle\lim_{x\to 0-} (x-1)}$

$=2-\dfrac{4}{-1}$

$=6$

달 ⑤

02

정답률 81.1%

등차수열 $\{a_n\}$의 공차를 d라 하면

$d=-3$이므로

$a_7=a_3+4d=a_3-12$

$a_3 a_7=a_3(a_3-12)=64$에서

$a_3{}^2-12a_3-64=0$

$(a_3+4)(a_3-16)=0$

$a_3=-4$ 또는 $a_3=16$

(i) $a_3=-4$일 때

$a_8=a_3+5d=-4-15=-19<0$

이므로 $a_8>0$이라는 조건에 모순이다.

(ii) $a_3=16$일 때

$a_8=a_3+5d=16-15=1>0$

이므로 조건을 만족시킨다.

(i), (ii)에서

$a_3=16$

따라서

$a_2=a_3-d=16-(-3)=19$

달 ③

03

$\cos^2\theta=\dfrac{4}{9}$이고

$\dfrac{\pi}{2}<\theta<\pi$일 때 $\cos\theta<0$이므로

$\cos\theta=-\dfrac{2}{3}$

한편, $\sin^2\theta+\cos^2\theta=1$이므로

$\sin^2\theta=1-\cos^2\theta$

$=1-\dfrac{4}{9}$

$=\dfrac{5}{9}$

따라서

$\sin^2\theta+\cos\theta=\dfrac{5}{9}+\left(-\dfrac{2}{3}\right)$

$=-\dfrac{1}{9}$

답 ④

04

$f(x)=(x+1)(x^2+x-5)$에서

$f'(x)=(x^2+x-5)+(x+1)(2x+1)$

따라서

$f'(2)=(2^2+2-5)+(2+1)(2\times2+1)$

$=1+15$

$=16$

답 ②

05

$\displaystyle\int_2^{-2}(x^3+3x^2)dx=\left[\dfrac{1}{4}x^4+x^3\right]_2^{-2}$

$=(4-8)-(4+8)$

$=-16$

답 ①

06

$h(x)=f(x)g(x)$라 하면

$x\neq1$일 때, 두 함수 $f(x)$와 $g(x)$는 연속이므로 함수 $h(x)$도 연속이다.

따라서 함수 $h(x)$가 실수 전체의 집합에서 연속이려면 함수 $h(x)$가 $x=1$에서 연속이어야 하므로

$\displaystyle\lim_{x\to1-}h(x)=\lim_{x\to1+}h(x)=h(1)$

을 만족시키면 된다.

$\displaystyle\lim_{x\to1-}h(x)=\lim_{x\to1-}\dfrac{2x^3+ax+b}{x-1}$의 값이 존재하므로

$2+a+b=0$, 즉 $b=-a-2$

$\displaystyle\lim_{x\to1-}h(x)=\lim_{x\to1-}\dfrac{2x^3+ax-a-2}{x-1}$

$=\lim_{x\to1-}\dfrac{(x-1)(2x^2+2x+a+2)}{x-1}$

$=\lim_{x\to1-}(2x^2+2x+a+2)=a+6$

$\displaystyle\lim_{x\to1+}h(x)=\lim_{x\to1+}\dfrac{2x^3+ax-a-2}{2x+1}$

$=\lim_{x\to1+}\dfrac{(x-1)(2x^2+2x+a+2)}{2x+1}=0$

$h(1)=f(1)g(1)=0$

$\displaystyle\lim_{x\to1-}h(x)=\lim_{x\to1+}h(x)=h(1)$이므로

$a+6=0$에서 $a=-6$

$b=-a-2$에서 $b=4$

따라서 $b-a=10$

답 ①

07

$a_2=\dfrac{a_1}{2-3a_1}=\dfrac{2}{2-6}=-\dfrac{1}{2}$

$a_3=1+a_2=1-\dfrac{1}{2}=\dfrac{1}{2}$

$a_4=\dfrac{a_3}{2-3a_3}=\dfrac{\dfrac{1}{2}}{2-\dfrac{3}{2}}=1$

$a_5=1+a_4=1+1=2$

$\vdots$

따라서

$a_1+a_2+a_3+a_4=a_5+a_6+a_7+a_8$

$\vdots$

$=a_{37}+a_{38}+a_{39}+a_{40}$

$=2+\left(-\dfrac{1}{2}\right)+\dfrac{1}{2}+1=3$

이므로

$\displaystyle\sum_{n=1}^{40}a_n=10\times3=30$

답 ①

08

$f(x)=x^3-3x^2+ax+10$에서

$f'(x)=3x^2-6x+a$

함수 $f(x)$는 $x=3$에서 극소이므로

$f'(3)=27-18+a=0$

$a=-9$

$f'(x)=3x^2-6x-9$

$=3(x+1)(x-3)$

$f'(x)=0$에서 $x=-1$ 또는 $x=3$

함수 $f(x)$의 증가와 감소를 표로 나타내면 다음과 같다.

x	$\cdots$	-1	$\cdots$	3	$\cdots$
$f'(x)$	$+$	0	$-$	0	$+$
$f(x)$	↗	극대	↘	극소	↗

따라서 $f(x)=x^3-3x^2-9x+10$에 대하여 함수 $f(x)$는 $x=-1$에서 극대이고 극댓값은
$f(-1)=-1-3+9+10=15$

답 15

09

정답률 73.6%

함수 $f(x)$가 $x=2$에서 연속이므로
$\lim\limits_{x\to 2-}f(x)=\lim\limits_{x\to 2+}f(x)=f(2)$
즉, $a+2=3a-2=f(2)$
$a+2=3a-2$에서 $2a=4$, $a=2$
이때 $f(2)=a+2=2+2=4$
따라서 $a+f(2)=2+4=6$

답 6

10

정답률 45.7%

$y=x^3-6x^2+6$에서 $y'=3x^2-12x$
이므로 점 $(1, 1)$에서의 접선의 기울기는
$3\times 1^2-12\times 1=-9$
따라서 곡선 $y=x^3-6x^2+6$ 위의 점 $(1, 1)$에서의 접선의 방정식은
$y-1=-9(x-1)$
즉, $y=-9x+10$
이때 이 접선이 점 $(0, a)$를 지나므로
$a=-9\times 0+10=10$

답 10

11

정답률 56.6%

이차방정식 $3x^2-2(\log_2 n)x+\log_2 n=0$의 판별식을 D라 할 때, 모든 실수 x에 대하여 주어진 이차부등식이 성립하기 위해서는
$\dfrac{D}{4}=(\log_2 n)^2-3\times\log_2 n<0$
$\log_2 n(\log_2 n-3)<0$
$0<\log_2 n<3$
$1<n<8$
이때 n은 자연수이므로
$n=2, 3, 4, 5, 6, 7$
따라서 조건을 만족시키는 자연수 n의 개수는 6이다.

답 6

1 ①	2 ③	3 ④	4 ②	5 ⑤
6 ①	7 ④	8 23	9 24	10 21
11 16				

01

정답률 81.1%

함수 $f(x)$가 실수 전체의 집합에서 연속이므로 함수 $f(x)$는 $x=2$에서도 연속이어야 한다. 즉,
$\lim\limits_{x\to 2-}f(x)=\lim\limits_{x\to 2+}f(x)=f(2)$
이때,
$\lim\limits_{x\to 2-}f(x)=\lim\limits_{x\to 2-}(3x-a)=6-a$
$\lim\limits_{x\to 2+}f(x)=\lim\limits_{x\to 2+}(x^2+a)=4+a$
$f(2)=4+a$
그러므로
$6-a=4+a=4+a$
따라서
$2a=2$, $a=1$

답 ①

02

정답률 52.1%

점 P는 두 곡선 $y=\log_2(-x+k)$, $y=-\log_2 x$의 교점이므로
$\log_2(-x_1+k)=-\log_2 x_1$
$-x_1+k=\dfrac{1}{x_1}$
즉, $x_1^2-kx_1+1=0$ $\cdots\cdots$ ㉠
점 R은 두 곡선 $y=-\log_2(-x+k)$, $y=\log_2 x$의 교점이므로
$-\log_2(-x_3+k)=\log_2 x_3$
$\dfrac{1}{-x_3+k}=x_3$
즉, $x_3^2-kx_3+1=0$ $\cdots\cdots$ ㉡
㉠, ㉡에 의하여 x_1, x_3은 이차방정식 $x^2-kx+1=0$의 서로 다른 두 실근이다.
즉, 이차방정식의 근과 계수의 관계에 의하여
$x_1 x_3=1$
그러므로 $x_3-x_1=2\sqrt{3}$에서
$(x_1+x_3)^2=(x_3-x_1)^2+4x_1 x_3$
$\qquad\qquad=(2\sqrt{3})^2+4\times 1$
$\qquad\qquad=16$
따라서 $x_1+x_3=4$

답 ③

03

정답률 75%

$3a+2b=\log_3 32$, $ab=\log_9 2$이므로

$$\frac{1}{3a}+\frac{1}{2b}=\frac{3a+2b}{6ab}=\frac{\log_3 32}{6\times\log_9 2}$$
$$=\frac{\log_3 2^5}{6\times\log_{3^2} 2}=\frac{5\log_3 2}{3\log_3 2}$$
$$=\frac{5}{3}$$

답 ④

04
정답률 72%

$-1\le\cos x\le1$이므로 $-4\le4\cos x\le4$
$-4+3\le4\cos x+3\le4+3$
즉, $-1\le4\cos x+3\le7$
따라서 함수 $f(x)=4\cos x+3$의 최댓값은 7이다.

답 ②

05
정답률 55.7%

ㄱ. $\lim\limits_{x\to1-}f(x)=0$, $\lim\limits_{x\to1-}g(x)=-1$이므로

$\lim\limits_{x\to1-}f(x)g(x)=\lim\limits_{x\to1-}f(x)\times\lim\limits_{x\to1-}g(x)$
$\qquad\qquad=0\times(-1)=0$ (거짓)

ㄴ. $f(1)=0$, $g(1)=-1$이므로
$f(1)g(1)=0\times(-1)=0$ (참)

ㄷ. $\lim\limits_{x\to1+}f(x)=1$, $\lim\limits_{x\to1+}g(x)=1$이므로

$\lim\limits_{x\to1+}f(x)g(x)=\lim\limits_{x\to1+}f(x)\times\lim\limits_{x\to1+}g(x)=1\times1=1$

$\lim\limits_{x\to1-}f(x)g(x)=0$에서

$\lim\limits_{x\to1+}f(x)g(x)\ne\lim\limits_{x\to1-}f(x)g(x)$이므로

극한값 $\lim\limits_{x\to1}f(x)g(x)$는 존재하지 않는다.

그러므로 함수 $f(x)g(x)$는 $x=1$에서 불연속이다. (참)
이상에서 옳은 것은 ㄴ, ㄷ이다.

답 ⑤

06
정답률 75.7%

등비수열 $\{a_n\}$의 공비를 $r\ (r>0)$이라 하자.
$a_2+a_4=30$ $\qquad\cdots\cdots$ ㉠
한편, $a_4+a_6=\dfrac{15}{2}$에서 $a_2r^2+a_4r^2=\dfrac{15}{2}$
$r^2(a_2+a_4)=\dfrac{15}{2}$ $\qquad\cdots\cdots$ ㉡
㉠을 ㉡에 대입하면
$r^2\times30=\dfrac{15}{2}$, $r^2=\dfrac{1}{4}$
이때 $r>0$이므로 $r=\dfrac{1}{2}$
㉠에서
$a_1r+a_1r^3=30$
$a_1\times\dfrac{1}{2}+a_1\times\left(\dfrac{1}{2}\right)^3=30$

$a_1\times\dfrac{5}{8}=30$
따라서
$a_1=30\times\dfrac{8}{5}=48$

답 ①

07
정답률 62.8%

$$\sum_{k=1}^{n}\frac{a_{k+1}-a_k}{a_ka_{k+1}}=\sum_{k=1}^{n}\left(\frac{1}{a_k}-\frac{1}{a_{k+1}}\right)$$
$$=\left(\frac{1}{a_1}-\frac{1}{a_2}\right)+\left(\frac{1}{a_2}-\frac{1}{a_3}\right)+\cdots+\left(\frac{1}{a_n}-\frac{1}{a_{n+1}}\right)$$
$$=\frac{1}{a_1}-\frac{1}{a_{n+1}}$$
$$=-\frac{1}{4}-\frac{1}{a_{n+1}}=\frac{1}{n}$$

이때 $\dfrac{1}{a_{n+1}}=-\dfrac{1}{n}-\dfrac{1}{4}$이므로
위 식에 $n=12$를 대입하면
$\dfrac{1}{a_{13}}=-\dfrac{1}{12}-\dfrac{1}{4}=-\dfrac{1}{3}$
따라서 $a_{13}=-3$

답 ④

08
정답률 82.9%

$f'(x)=6x^2+2$이므로
$f(x)=\displaystyle\int(6x^2+2)dx$
$\qquad=2x^3+2x+C$ (C는 적분상수)
$f(0)=3$이므로 $C=3$
따라서 $f(x)=2x^3+2x+3$이므로
$f(2)=2\times2^3+2\times2+3=23$

답 23

09
정답률 39.3%

$$\int_{-3}^{2}(2x^3+6|x|)dx-\int_{-3}^{-2}(2x^3-6x)dx$$
$$=\int_{-3}^{-2}(2x^3+6|x|)dx+\int_{-2}^{2}(2x^3+6|x|)dx$$
$$\qquad\qquad\qquad-\int_{-3}^{-2}(2x^3-6x)dx$$
$$=\int_{-2}^{2}(2x^3+6|x|)dx$$
$$=2\int_{0}^{2}6x\,dx$$
$$=2\left[3x^2\right]_{0}^{2}=24$$

답 24

10

정답률 72.1%

삼각형 ABC의 외접원의 반지름의 길이가 15이므로
삼각형 ABC에서 사인법칙에 의하여

$$\frac{\overline{AC}}{\sin B}=2\times 15=30$$

따라서

$$\overline{AC}=30\times\sin B$$
$$=30\times\frac{7}{10}$$
$$=21$$

답 21

11

정답률 28.8%

점 P의 운동 방향이 바뀌는 시각에서 $v(t)=0$이다.
$0\le t\le 3$일 때,
$-t^2+t+2=0$에서 $(t+1)(t-2)=0$
$t>0$이므로 $t=2$
$t>3$일 때,
$k(t-3)-4=0$에서 $kt=3k+4$
$$t=3+\frac{4}{k}$$
따라서 출발 후 점 P의 운동 방향이 두 번째로 바뀌는 시각은
$$t=3+\frac{4}{k}$$
원점을 출발한 점 P의 시각 $t=3+\dfrac{4}{k}$에서의 위치가 1이므로
$$\int_0^{3+\frac{4}{k}}v(t)dt=1$$에서
$$\int_0^{3}v(t)dt+\int_3^{3+\frac{4}{k}}v(t)dt$$
$$=\int_0^{3}(-t^2+t+2)dt+\int_3^{3+\frac{4}{k}}(kt-3k-4)dt$$
이때
$$\int_0^{3}(-t^2+t+2)dt=\left[-\frac{1}{3}t^3+\frac{1}{2}t^2+2t\right]_0^{3}$$
$$=-9+\frac{9}{2}+6$$
$$=\frac{3}{2} \quad\cdots\cdots\ \text{㉠}$$
$$\int_3^{3+\frac{4}{k}}(kt-3k-4)dt=\left[\frac{1}{2}kt^2-(3k+4)t\right]_3^{3+\frac{4}{k}}$$
$$=-\frac{8}{k} \quad\cdots\cdots\ \text{㉡}$$
㉠, ㉡에서
$$\int_0^{3}v(t)dt+\int_3^{3+\frac{4}{k}}v(t)dt=\frac{3}{2}+\left(-\frac{8}{k}\right)=1$$
$$\frac{8}{k}=\frac{1}{2}$$에서
$$k=16$$

답 16

01

정답률 64.5%

$x\longrightarrow 0+$일 때, $f(x)\longrightarrow 0$이므로
$$\lim_{x\to 0+}f(x)=0$$
$x\longrightarrow 1-$일 때, $f(x)\longrightarrow 2$이므로
$$\lim_{x\to 1-}f(x)=2$$
따라서 $\lim_{x\to 0+}f(x)-\lim_{x\to 1-}f(x)=0-2=-2$

답 ①

02

정답률 77%

$f(x)=x^3+ax^2+bx+1$에서
$f'(x)=3x^2+2ax+b$
함수 $f(x)$는 $x=-1$에서 극대이고, $x=3$에서 극소이므로
$$3x^2+2ax+b=3(x+1)(x-3)$$
$$=3x^2-6x-9$$
에서 $2a=-6$, $b=-9$
즉, $a=-3$, $b=-9$
따라서 $f(x)=x^3-3x^2-9x+1$이므로 함수 $f(x)$의 극댓값은
$f(-1)=-1-3+9+1=6$

답 ③

03

정답률 56.7%

ㄱ. 점 A의 x좌표는
$\log_a x=1$, $x=a$이므로 A$(a,\ 1)$
또, 점 B의 x좌표는
$\log_{4a} x=1$, $x=4a$이므로 B$(4a,\ 1)$
따라서 선분 AB를 1 : 4로 외분하는 점의 좌표는
$$\left(\frac{1\times 4a-4\times a}{1-4},\ \frac{1\times 1-4\times 1}{1-4}\right)$$
즉, $(0,\ 1)$ (참)
ㄴ. 사각형 ABCD가 직사각형이면 선분 AD가 y축과 평행하므로
두 점 A, D의 x좌표는 같아야 한다.
한편, 점 D의 x좌표는
$\log_{4a} x=-1$, $x=\dfrac{1}{4a}$이므로 D$\left(\dfrac{1}{4a},\ -1\right)$

이때 A$(a, 1)$이므로

$$a=\frac{1}{4a}, \ a^2=\frac{1}{4}$$

이때 $\frac{1}{4}<a<1$이므로

$$a=\frac{1}{2} \ (참)$$

ㄷ. $\overline{\text{AB}}=4a-a=3a$

한편, 점 C의 x좌표는

$$\log_a x=-1, \ x=\frac{1}{a}$$

이므로 $\text{C}\left(\frac{1}{a}, -1\right)$

그러므로

$$\overline{\text{CD}}=\frac{1}{a}-\frac{1}{4a}=\frac{3}{4a}$$

한편, $\overline{\text{AB}}<\overline{\text{CD}}$이면

$$3a<\frac{3}{4a}, \ a^2<\frac{1}{4}, \ -\frac{1}{2}<a<\frac{1}{2}$$

이때 $\frac{1}{4}<a<1$이므로

$$\frac{1}{4}<a<\frac{1}{2} \ (거짓)$$

이상에서 옳은 것은 ㄱ, ㄴ이다.

답 ③

04
정답률 71.9%

함수 $f(x)$가 $x=1$에서 미분가능하면 $f(x)$는 실수 전체의 집합에서 미분가능하다.

$f(1)=b+4$이므로

$$\lim_{x \to 1+}\frac{f(x)-f(1)}{x-1}=\lim_{x \to 1+}\frac{bx+4-b-4}{x-1}=\lim_{x \to 1+}\frac{b(x-1)}{x-1}$$
$$=\lim_{x \to 1+}b=b \qquad \cdots\cdots ㉠$$

$$\lim_{x \to 1-}\frac{f(x)-f(1)}{x-1}=\lim_{x \to 1-}\frac{x^3+ax+b-b-4}{x-1}$$
$$=\lim_{x \to 1-}\frac{x^3+ax-4}{x-1} \qquad \cdots\cdots ㉡$$

함수 $f(x)$가 $x=1$에서 미분가능하려면

$\lim_{x \to 1}\dfrac{f(x)-f(1)}{x-1}$의 값이 존재해야 하므로

㉠, ㉡에서

$$\lim_{x \to 1-}\frac{x^3+ax-4}{x-1}=b \qquad \cdots\cdots ㉢$$

이어야 한다.

이때 $x \longrightarrow 1-$일 때 (분모) $\longrightarrow 0$이고 ㉢이 수렴하므로

(분자) $\longrightarrow 0$이어야 한다.

즉, $\lim_{x \to 1-}(x^3+ax-4)=1+a-4=0$에서

$a=3$

이때 ㉢에서

$$b=\lim_{x \to 1-}\frac{x^3+3x-4}{x-1}$$
$$=\lim_{x \to 1-}\frac{(x-1)(x^2+x+4)}{x-1}$$
$$=\lim_{x \to 1-}(x^2+x+4)$$
$$=1^2+1+4=6$$

따라서 $a+b=3+6=9$

답 ④

05
정답률 70.4%

두 함수 $y=f(x)$, $y=g(x)$의 그래프로 둘러싸인 부분에서 $0 \le x \le 2$인 부분과 $2 \le x \le 4$인 부분의 넓이가 같으므로 두 함수 $y=f(x)$, $y=g(x)$의 그래프로 둘러싸인 부분의 넓이는

$$\int_0^4 \{g(x)-f(x)\} dx$$
$$=2\int_0^2 \{(-x^2+2x)-(x^2-4x)\} dx$$
$$=2\int_0^2 (-2x^2+6x) dx$$
$$=2\left[-\frac{2}{3}x^3+3x^2\right]_0^2$$
$$=2\left(-\frac{16}{3}+12\right)$$
$$=\frac{40}{3}$$

답 ①

06
정답률 77.2%

$a_1=1$이므로 $a_2=2a_1=2 \times 1=2$
$a_2=2$이므로 $a_3=2a_2=2 \times 2=4$
$a_3=4$이므로 $a_4=2a_3=2 \times 4=8$
$a_4=8$이므로 $a_5=a_4-7=8-7=1$
$a_5=1$이므로 $a_6=2a_5=2 \times 1=2$
$a_6=2$이므로 $a_7=2a_6=2 \times 2=4$
$a_7=4$이므로 $a_8=2a_7=2 \times 4=8$

따라서

$$\sum_{k=1}^{8} a_k=2 \times (1+2+4+8)=2 \times 15=30$$

답 ①

07
정답률 73.9%

로그의 진수의 조건에 의하여

$x+1>0, \ x-3>0$

즉 $x>3$ $\quad \cdots\cdots ㉠$

$\log_{\frac{1}{2}}(x-3)=-\log_2(x-3)$이므로

$\log_2(x+1)-5=\log_{\frac{1}{2}}(x-3)$에서

$\log_2(x+1)+\log_2(x-3)=5$

$\log_2(x+1)(x-3)=5$
$(x+1)(x-3)=2^5=32$
$x^2-2x-35=0$
$(x+5)(x-7)=0$
$x=-5$ 또는 $x=7$
이때 ㉠에 의하여
$x=7$

답 7

08

정답률 67.6%

곡선 $y=f(x)$ 위의 점 $(3, 2)$에서의 접선의 기울기가 4이므로
$f(3)=2$, $f'(3)=4$
이때 함수 $g(x)=(x+2)f(x)$에서
$g'(x)=f(x)+(x+2)f'(x)$이므로
$g'(3)=f(3)+5f'(3)=2+5\times4=22$

답 22

09

정답률 55.3%

$f(x)=3x^4-4x^3-12x^2$이라 하면
$f'(x)=12x^3-12x^2-24x$
$\qquad=12x(x^2-x-2)$
$\qquad=12x(x+1)(x-2)$
이므로 $f'(x)=0$에서
$x=-1$ 또는 $x=0$ 또는 $x=2$
함수 $f(x)$의 증가와 감소를 표로 나타내면 다음과 같다.

x	$\cdots$	-1	$\cdots$	0	$\cdots$	2	$\cdots$
$f'(x)$	$-$	0	$+$	0	$-$	0	$+$
$f(x)$	$\searrow$	극소	$\nearrow$	극대	$\searrow$	극소	$\nearrow$

따라서 사차함수 $f(x)=3x^4-4x^3-12x^2$은
$x=0$에서 극댓값 $f(0)=0$을 갖고,
$x=-1$, $x=2$에서 각각 극솟값
$f(-1)=3+4-12=-5$, $f(2)=48-32-48=-32$
를 갖는다.

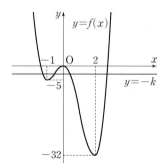

주어진 방정식의 서로 다른 실근의 개수는 곡선 $y=f(x)$와 직선 $y=-k$의 교점의 개수와 같으므로 주어진 방정식이 서로 다른 네 실근을 가질 조건은 위의 그래프에서

$-5<-k<0$
즉, $0<k<5$이어야 한다.
따라서 구하는 자연수 k는 1, 2, 3, 4이고, 그 개수는 4이다.

답 4

10

정답률 66.4%

$\sum_{k=1}^{10}ka_k=36$에서
$a_1+2a_2+3a_3+\cdots+10a_{10}=36$ $\qquad$ ……㉠
$\sum_{k=1}^{9}ka_{k+1}=7$에서
$a_2+2a_3+3a_4+\cdots+9a_{10}=7$ $\qquad$ ……㉡
㉠$-$㉡을 하면
$a_1+a_2+a_3+\cdots+a_{10}=\sum_{k=1}^{10}a_k$
$\qquad\qquad\qquad\qquad\qquad=36-7=29$

답 29

다른 풀이

$\sum_{k=1}^{9}ka_{k+1}=7$에서
$\sum_{k=1}^{9}ka_{k+1}=\sum_{k=1}^{9}\{(k+1)a_{k+1}-a_{k+1}\}$
$\qquad\qquad=\sum_{k=1}^{9}(k+1)a_{k+1}-\sum_{k=1}^{9}a_{k+1}$
$\qquad\qquad=\sum_{k=2}^{10}ka_k-\sum_{k=2}^{10}a_k=7$
즉, $\sum_{k=2}^{10}ka_k=\sum_{k=2}^{10}a_k+7$
$\sum_{k=1}^{10}ka_k=36$에서
$\sum_{k=1}^{10}ka_k=a_1+\sum_{k=2}^{10}ka_k$
$\qquad\qquad=a_1+\sum_{k=2}^{10}a_k+7$
$\qquad\qquad=\sum_{k=1}^{10}a_k+7=36$
따라서 $\sum_{k=1}^{10}a_k=36-7=29$

11

정답률 61%

점 P의 시각 t에서의 가속도 $a(t)$는
$a(t)=v'(t)=12t^2-48$
$a(k)=12k^2-48=12(k^2-4)=0$
$k^2-4=0$, $(k+2)(k-2)=0$
이때 $k>0$이므로 $k=2$이다.
$0\le t\le2$일 때 $v(t)\le0$이므로 시각 $t=0$에서 $t=2$까지 점 P가 움직인 거리는
$\int_0^2|v(t)|\,dt=\int_0^2(-4t^3+48t)\,dt=\left[-t^4+24t^2\right]_0^2$
$\qquad\qquad\qquad=-16+96=80$

답 80

1 ③	2 ④	3 ④	4 ①	5 ③
6 ③	7 80	8 18	9 8	10 9
11 8				

01　정답률 74.8%

$$\tan\left(\pi x+\frac{\pi}{2}\right)=\tan\left(\pi x+\frac{\pi}{2}+\pi\right)$$
$$=\tan\left\{\pi(x+1)+\frac{\pi}{2}\right\}$$

따라서 함수 $y=\tan\left(\pi x+\frac{\pi}{2}\right)$의 주기는 1이다.

답 ③

02　정답률 56%

$\log_2(x^2-1)+\log_2 3\le5$에서
로그의 진수 조건에 의하여
$x^2-1>0,\ x^2>1$ ……㉠
$\log_2(x^2-1)+\log_2 3\le5$에서
$\log_2(x^2-1)\le-\log_2 3+5$
$\log_2(x^2-1)\le\log_2 3^{-1}+\log_2 2^5$
$\log_2(x^2-1)\le\log_2\frac{32}{3}$
로그의 밑이 1보다 크므로
$x^2-1\le\frac{32}{3}$
$x^2\le\frac{35}{3}$ ……㉡

㉠, ㉡에서 $1<x^2\le\frac{35}{3}$이므로 이를 만족시키는 정수 x는
$-3,\ -2,\ 2,\ 3$
이므로 정수 x의 개수는 4이다.

답 ④

03　정답률 58.7%

$x-1=t$라 하면
$x\longrightarrow0+$일 때, $t\longrightarrow-1+$이므로
$\displaystyle\lim_{x\to0+}f(x-1)=\lim_{t\to-1+}f(t)=-1$
$f(x)=s$라 하면
$x\longrightarrow1+$일 때, $s\longrightarrow-1-$이므로
$\displaystyle\lim_{x\to1+}f(f(x))=\lim_{s\to-1-}f(s)=2$
따라서 $\displaystyle\lim_{x\to0+}f(x-1)+\lim_{x\to1+}f(f(x))=(-1)+2=1$

답 ④

04　정답률 71.4%

등비수열 $\{a_n\}$의 공비를 r이라 하면
$a_6=16$이므로
$a_8=a_6\times r^2=16r^2,\ a_7=a_6\times r=16r$
$2a_8-3a_7=32$이므로
$2\times16r^2-3\times16r=32$
$2r^2-3r-2=0$
$(2r+1)(r-2)=0$
$a_1a_2<0$에서 $r<0$이므로
$r=-\frac{1}{2}$
따라서
$a_9+a_{11}=a_6\times r^3+a_6\times r^5$
$$=16\times\left(-\frac{1}{8}\right)+16\times\left(-\frac{1}{32}\right)$$
$$=-2+\left(-\frac{1}{2}\right)$$
$$=-\frac{5}{2}$$

답 ①

05　정답률 77.2%

$$f(x)g(x)=\begin{cases}-(x+3)(2x+a) & (x<-3)\\(x+3)(2x+a) & (x\ge-3)\end{cases}$$

함수 $f(x)g(x)$가 실수 전체의 집합에서 미분가능하므로 $x=-3$에서 미분가능하다.
즉, $f(-3)=0,\ g(-3)=a-6$이므로
$$\lim_{x\to-3-}\frac{f(x)g(x)-f(-3)g(-3)}{x+3}$$
$$=\lim_{x\to-3+}\frac{f(x)g(x)-f(-3)g(-3)}{x+3}$$
에서
$$\lim_{x\to-3-}(-2x-a)=\lim_{x\to-3+}(2x+a)$$
$6-a=-6+a$
따라서 $a=6$

답 ③

06　정답률 57%

함수 $f(x)$는 닫힌구간 $[1,\ 5]$에서 연속이고 열린구간 $(1,\ 5)$에서 미분가능하므로 평균값의 정리에 의하여
$$\frac{f(5)-f(1)}{5-1}=f'(c)$$ ……㉠
를 만족시키는 상수 c가 열린구간 $(1,\ 5)$에 적어도 하나 존재한다.
이때 조건 (나)에 의하여
$f'(c)\ge5$
이므로 ㉠에서

$$\frac{f(5)-3}{4} \geq 5$$

$$f(5) \geq 23$$

따라서 $f(5)$의 최솟값은 23이다.

답 ③

07

정답률 69.5%

등비수열 $\{a_n\}$의 공비를 r이라 하면

$$\frac{a_5}{a_3}=r^2=9$$

이때 $r>0$이므로

$$r=3$$

즉, $a_n=2\times 3^{n-1}$

따라서

$$\begin{aligned}\sum_{k=1}^{4} a_k &=\sum_{k=1}^{4}\left(2\times 3^{k-1}\right)\\ &=\frac{2(3^4-1)}{3-1}\\ &=80\end{aligned}$$

답 80

08

정답률 28.7%

$A(1, n)$, $B(1, 2)$, $C(2, n^2)$, $D(2, 4)$이므로

$\overline{AB}=n-2$, $\overline{CD}=n^2-4$

사다리꼴 ABDC의 넓이가 18 이하이어야 하므로

$$\frac{1}{2}\times(n-2+n^2-4)\times 1 \leq 18$$

$$\frac{1}{2}(n^2+n-6) \leq 18$$

$$n^2+n-42 \leq 0$$

$$(n+7)(n-6) \leq 0$$

$$-7 \leq n \leq 6$$

그러므로 3 이상의 자연수 n의 값은 3, 4, 5, 6이다.

따라서 모든 n의 값의 합은 $3+4+5+6=18$이다.

답 18

09

정답률 63.9%

점 P의 시각 t에서의 위치가

$$x=t^3-5t^2+6t$$

이므로 시각 t에서의 속도를 v라 하면

$$v=3t^2-10t+6$$

또, 시각 t에서의 가속도를 a라 하면

$$a=6t-10$$

따라서 $t=3$에서 점 P의 가속도는

$$6\times 3-10=8$$

답 8

10

정답률 66%

$F(x)$는 함수 $f(x)$의 한 부정적분이므로

$$F(x)=\begin{cases} -x^2+C_1 & (x<0) \\ k\left(x^2-\dfrac{1}{3}x^3\right)+C_2 & (x \geq 0)\end{cases} \text{(단, } C_1, C_2\text{는 적분상수)}$$

그런데 $F(x)$가 $x=0$에서 미분가능하므로

$$C_1=C_2$$

즉, $F(x)=\begin{cases} -x^2+C_1 & (x<0) \\ k\left(x^2-\dfrac{1}{3}x^3\right)+C_1 & (x \geq 0)\end{cases}$

이때 $F(2)-F(-3)=21$이므로

$$\left(\frac{4}{3}k+C_1\right)-(-9+C_1)=21$$

$$\frac{4}{3}k+9=21$$

$$\frac{4}{3}k=12$$

따라서 $k=9$

답 9

11

정답률 44%

$-1 \leq \sin bx \leq 1$에서

$-a \leq a \sin bx \leq a$ (단, a는 자연수)

$-a+8-a \leq a \sin bx+8-a \leq a+8-a$

이므로 함수 $f(x)$의 최솟값은

$$-a+8-a=8-2a$$

이고, 조건 (가)를 만족시키려면

$$8-2a \geq 0$$

즉, $a \leq 4$이어야 한다.

그런데 $a=1$ 또는 $a=2$ 또는 $a=3$일 때는 함수 $f(x)$의 최솟값이 0보다 크므로 조건 (나)를 만족시킬 수 없다.

그러므로 $a=4$이다.

이때 $f(x)=4\sin bx+4$이다.

조건 (나)에서 $0 \leq x < 2\pi$일 때 $f(x)=0$의 실근의 개수가 4이어야 하므로 다음 그림과 같이 $y=f(x)$의 그래프의 주기가 4번 반복되어야 한다.

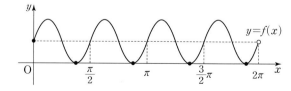

즉, $f(x)=4\sin bx+4$의 주기는 $\dfrac{\pi}{2}$이어야 하므로

$$\frac{2\pi}{b}=\frac{\pi}{2}$$에서 $b=4$

따라서 $a+b=4+4=8$

답 8

한눈에 보는 정답 🔍

[01회]
본문 4~8쪽

1 ①	2 ①	3 ④	4 ④	5 ⑤
6 ④	7 ④	8 4	9 10	10 8
11 12				

[02회]
본문 9~13쪽

1 ①	2 ①	3 ②	4 ③	5 ⑤
6 ②	7 ③	8 7	9 33	10 105
11 48				

[03회]
본문 14~18쪽

1 ③	2 ②	3 ②	4 ④	5 ④
6 ②	7 ②	8 ②	9 2	10 24
11 18				

[04회]
본문 19~23쪽

1 ②	2 ④	3 ②	4 ②	5 ④
6 ⑤	7 ①	8 3	9 5	10 13
11 10				

[05회]
본문 24~28쪽

1 ②	2 ②	3 ①	4 ③	5 ⑤
6 ③	7 ⑤	8 27	9 2	10 4
11 4				

[06회]
본문 29~33쪽

1 ④	2 ③	3 ②	4 ⑤	5 ②
6 ②	7 ④	8 ⑤	9 10	10 33
11 16				

[07회]
본문 34~38쪽

1 ④	2 ④	3 ③	4 ②	5 ①
6 ③	7 ②	8 109	9 2	10 102
11 32				

[08회]
본문 39~43쪽

1 ⑤	2 ⑤	3 ①	4 ④	5 ②
6 ⑤	7 ②	8 7	9 5	10 36
11 20				

[09회]
본문 44~48쪽

1 ①	2 ①	3 ①	4 ①	5 ⑤
6 ④	7 ③	8 ⑤	9 15	10 16
11 3				

[10회]
본문 49~53쪽

1 ④	2 ④	3 ③	4 ⑤	5 ③
6 ①	7 ⑤	8 6	9 11	10 110
11 15				

2026학년도 수능 대비

수 능
기출의
미 래

미니모의고사

수학영역 ㅣ 공통(수학 I · 수학 II) 3점

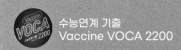

수능연계 기출
Vaccine VOCA 2200

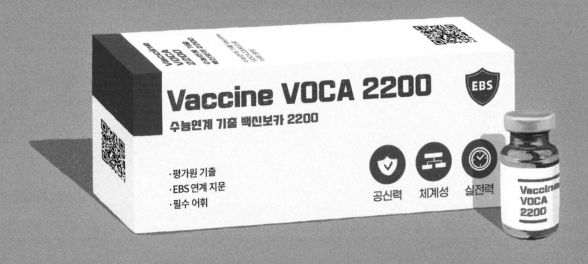

○ 수능 영단어장의 끝판왕!
10개년 수능 빈출 어휘 + 7개년 연계교재 핵심 어휘

○ 수능 적중 어휘 자동암기 3종 세트 제공
휴대용 포켓 단어장 / 표제어 & 예문 MP3 파일 / 수능형 어휘 문항 실전 테스트

휴대용 **포켓 단어장** 제공

고1~2, 내신 중점

구분	고교 입문 >	기초 >	기본 >	특화	+ 단기
국어		윤혜정의 개념의 나비효과 입문 편 + 워크북 / 어휘가 독해다! 수능 국어 어휘	기본서 올림포스	국어 특화 국어 독해의 원리 / 국어 문법의 원리	
영어	고등예비 과정	내 등급은? / 정승익의 수능 개념 잡는 대박구문 / 주혜연의 해석공식 논리 구조편	올림포스 전국연합 학력평가 기출문제집 / 유형서 올림포스 유형편	영어 특화 Grammar POWER / Reading POWER / Listening POWER / Voca POWER / 영어 특화 고급영어독해	단기 특강
수학		기초 50일 수학 + 기출 워크북 / 매쓰 디렉터의 고1 수학 개념 끝장내기		고급 올림포스 고난도 / 수학 특화 수학의 왕도	
한국사 사회			기본서 개념완성	고등학생을 위한 多담은 한국사 연표	
과학		50일 과학	개념완성 문항편	인공지능 수학과 함께하는 고교 AI 입문 / 수학과 함께하는 AI 기초	

과목	시리즈명	특징	난이도	권장 학년
전 과목	고등예비과정	예비 고등학생을 위한 과목별 단기 완성		예비 고1
국/영/수	내 등급은?	고1 첫 학력평가 + 반 배치고사 대비 모의고사		예비 고1
	올림포스	내신과 수능 대비 EBS 대표 국어·수학·영어 기본서		고1~2
	올림포스 전국연합학력평가 기출문제집	전국연합학력평가 문제 + 개념 기본서		고1~2
	단기 특강	단기간에 끝내는 유형별 문항 연습		고1~2
한/사/과	개념완성&개념완성 문항편	개념 한 권 + 문항 한 권으로 끝내는 한국사·탐구 기본서		고1~2
국어	윤혜정의 개념의 나비효과 입문 편 + 워크북	윤혜정 선생님과 함께 시작하는 국어 공부의 첫걸음		예비 고1~고2
	어휘가 독해다! 수능 국어 어휘	학평·모평·수능 출제 필수 어휘 학습		예비 고1~고2
	국어 독해의 원리	내신과 수능 대비 문학·독서(비문학) 특화서		고1~2
	국어 문법의 원리	필수 개념과 필수 문항의 언어(문법) 특화서		고1~2
영어	정승익의 수능 개념 잡는 대박구문	정승익 선생님과 CODE로 이해하는 영어 구문		예비 고1~고2
	주혜연의 해석공식 논리 구조편	주혜연 선생님과 함께하는 유형별 지문 독해		예비 고1~고2
	Grammar POWER	구문 분석 트리로 이해하는 영어 문법 특화서		고1~2
	Reading POWER	수준과 학습 목적에 따라 선택하는 영어 독해 특화서		고1~2
	Listening POWER	유형 연습과 모의고사·수행평가 대비 올인원 듣기 특화서		고1~2
	Voca POWER	영어 교육과정 필수 어휘와 어원별 어휘 학습		고1~2
	고급영어독해	영어 독해력을 높이는 영미 문학/비문학 읽기		고2~3
수학	50일 수학 + 기출 워크북	50일 만에 완성하는 초·중·고 수학의 맥		예비 고1~고2
	매쓰 디렉터의 고1 수학 개념 끝장내기	스타강사 강의, 손글씨 풀이와 함께 고1 수학 개념 정복		예비 고1~고1
	올림포스 유형편	유형별 반복 학습을 통해 실력 잡는 수학 유형서		고1~2
	올림포스 고난도	1등급을 위한 고난도 유형 집중 연습		고1~2
	수학의 왕도	직관적 개념 설명과 세분화된 문항 수록 수학 특화서		고1~2
한국사	고등학생을 위한 多담은 한국사 연표	연표로 흐름을 잡는 한국사 학습		예비 고1~고2
과학	50일 과학	50일 만에 통합과학의 핵심 개념 완벽 이해		예비 고1~고1
기타	수학과 함께하는 고교 AI 입문/AI 기초	파이선 프로그래밍, AI 알고리즘에 필요한 수학 개념 학습		예비 고1~고2